Angelika Fergenbauer-Kimmel

Enzyklopädie der Papageien und Sittiche

Edelpapageien

Großschnabel- und Rotachselpapageien

● Arten ● Freileben ● Haltung ● Zucht

HORST MÜLLER-VERLAG
An der Warnau 33
3036 Bomlitz

Angelika Fergenbauer-Kimmel
Edelpapageien

ISBN 3-923269-13-7

An der Warnau 33
3036 Bomlitz

Gesamtherstellung: Druckerei Dobler Alfeld

Bildnachweis:
Toni Angermayer 6
Thomas Arndt 54 unten, 56 unten, 61 links, 85, 86, 88 rechts, 90, 112
Heike Bublitz 106
Wolfgang de Grahl 50
Heinz Leibfarth 8
Ludwig Leidner 99
Horst Müller 111
Franz Pfeffer 89
Hans-Dieter Philippen 39 rechts, 64, 65, 67
Hans Reinhardt 4
Brigitte und Peter Repp 63
Michael Riffel 49, 61 rechts, 68, 81, 88 links, 104
Dr. Ulrich Schürer 36
Marion Schweitzer / Rex Features 55
Anton Sojer 52
Peter Emil Steck 114, 115
Dr. Hans Strunden 11
Claus Uthoff 10, 57 links, 93, 97, 105
Günter Ziesler 96, 103
Alle übrigen Fotos und Karten von der Autorin

Zeichnungen:
Bernd-H. Gerischer 46, 71, 72, 73
Jürgen Ritter 107, 109

INHALT

- Vorwort 5
- Einleitung 7
- Systematische Stellung und Klassifikation 9
- Geographische Verbreitung 13
- Lebensraum 15
  - Klima 15
  - Vegetation 15
- Erwerb und Eingewöhnung 18
  - Überlegungen vor dem Kauf 18
  - Erwerb 18
  - Eingewöhnung 19
- Haltung 20
  - Unterbringung 20
  - Ernährung 22
    - Allgemeines 22
    - Vitamine 23
    - Fettlösliche Vitamine 24
    - Vitamin A 24
    - Vitamin D 25
    - Vitamin E 26
    - Vitamin K 26
    - Wasserlösliche Vitamine 26
    - Vitamin-B-Komplex 26
    - Vitamin C 27
    - Mineralstoffe 28
  - Ernährung in Gefangenschaft 28
    - Sämereien 28
    - Obst und Grünfutter 31
    - Futter tierischer Herkunft 31
    - Fütterung während der Jungenaufzucht 32
- Pflege 33
  - Gefiederpflege 33
  - Schneiden von Krallen und Schnabel 33
- Krankheiten 34
- Fortpflanzung 35
  - Steuerung des Brutverhaltens 35
  - Nistkasten und Nistmaterial 35
  - Zusammenstellung eines Paares 37
  - Geschlechtsreife 38
  - Balzverhalten und Brut 38
  - Kunstbrut und Handaufzucht 41
- Arten 47
  - Vorbemerkungen 47
  - Gattung *Eclectus* 49
  - *Eclectus roratus* – Edelpapagei 49
    - Freilandbeobachtungen 63
    - Haltung 67
    - Zucht 70
  - Gattung *Tanygnathus* 83
  - *Tanygnathus megalorhynchos* – Schwarzschulterpapagei 83
    - Freilandbeobachtungen 87
    - Haltung 89
    - Zucht 90
  - *Tanygnathus lucionensis* – Blauscheitelpapagei 93
    - Freilandbeobachtungen 95
    - Haltung 96
    - Zucht 97
  - *Tanygnathus sumatranus* – Müllers Edelpapagei 101
    - Freilandbeobachtungen 104
    - Haltung 105
    - Zucht 106
  - *Tanygnathus heterurus* 107
  - *Tanygnathus gramineus* – Schwarzstirn-Edelpapagei 109
    - Freilandbeobachtungen 109
  - Gattung *Psittinus* 111
  - *Psittinus cyanurus* – Rotachselpapagei 111
    - Freilandbeobachtungen 112
    - Haltung 113
    - Zucht 115
- Literatur 116
- Register 120

Neuguinea-Edelpapageien *(Eclectus roratus polychloros).*

VORWORT

Warum wurde dieses Buch geschrieben? Soweit die Antwort mich betrifft: Sicher nicht, um eine Buchreihe zu komplettieren! Ein wichtiger, wenn nicht sogar der wichtigste Beweggrund, ohne den diese Arbeit wohl nie fertig geworden wäre, ist die Freude an der Haltung von Tieren, speziell auch der hier besprochenen Papageien. Ich hoffe, daß das Buch etwas von dieser Freude weitervermittelt und darüber hinaus zeigt, wie interessant auch die Beschäftigung mit den theoretischen Grundlagen dieses Hobbys sein kann.

Papageien erfreuen sich nicht nur bei Haltern und Liebhabern eines breiten Interesses, sondern auch in weiten Kreisen der Bevölkerung. Letztere verbindet mit dem Begriff „Papagei" eine feste Vorstellung von bunten, anhänglichen und vor allem sprachbegabten Vögeln, die als Ursache für diese Beliebtheit genannt werden muß. Auf die in diesem Buch beschriebenen Gattungen und Arten treffen solche Attribute allerdings nur begrenzt zu. Das und ihre, von einigen Unterarten des Edelpapageien abgesehen, relative Seltenheit erklärt bereits, warum diese Vögel in unseren Käfigen und Volieren nicht eine so weite Verbreitung gefunden haben wie Graupapageien oder einige Arten der Amazonen und Aras. Auch die teils höheren Anforderungen an Unterbringung und Ernährung, die diesen ostasiatischen Arten nicht ganz zu Unrecht nachgesagt werden, schrecken manchen ab, der einen problemlosen und amüsanten Hausgenossen sucht. Wer sich aber einmal etwas eingehender mit diesen Vögeln beschäftigt hat, wird schnell bemerkt haben, daß auch sie überaus reizvoll und interessant sind. Zugleich wird er vielleicht auch bedauert haben, daß über ihr Freileben und die Haltung bisher nicht sehr viel bekannt ist. In diesem Buch möchte ich das Wichtigste des bisher in der einschlägigen Literatur angesammelten Wissens und möglichst viel von meinen eigenen Erfahrungen zusammentragen, um damit bei dem einen oder anderen das Interesse an dieser Gruppe zu wecken oder ihm bei der Bewältigung von Haltungsproblemen zu helfen.

Viele haben mir bei der Abfassung des Manuskriptes mit Ratschlägen, Informationen und Bildern geholfen. Ihnen möchte ich an dieser Stelle meinen Dank aussprechen. Nicht alle kann ich namentlich erwähnen. Besonders sind Herr Dr. S. Peters vom Museum der Senckenbergischen Naturforschenden Gesellschaft in Frankfurt am Main und Herr Dr. K.-L. Schuchmann vom Forschungsinstitut und Museum Alexander Koenig in Bonn zu nennen, die mir den Zugang zu den Balgsammlungen und die Nutzung der Bibliotheken ermöglichten. Des weiteren danke ich dem British Museum (Natural History), sub-department of Ornithology, Tring, und dem American Museum of Natural History, N. Y., Department of Ornithology, die mir auf Vermittlung von Herrn Dr. Schuchmann Balgmaterial aus ihren Sammlungen für taxonomische Untersuchungen zur Verfügung stellten. Herr B.-H. Gerischer, Freiberg in Sachsen, und Herr J. Ritter, München, haben mit ihren Zeichnungen zur Gestaltung des Buches beigetragen. Mein Mann stand mir jederzeit für Diskussionen zur Verfügung und hat mir mit kritischen Anmerkungen bei der Erstellung des Manuskriptes geholfen. Nicht zuletzt möchte ich den Verleger Herrn H. Müller erwähnen. Sein Engagement hat das Erscheinen des Buches in dieser ansprechenden Ausstattung erst möglich gemacht.

Lohmar, im Herbst 1991

Angelika Fergenbauer-Kimmel

Müllers Edelpapagei, Männchen *(Tanygnathus sumatranus burbidgii).*

EINLEITUNG

In einer Zeit, in der zur Pflege und Zucht von Papageien jedes Jahr eine Fülle von Neuerscheinungen angeboten wird, ist die Frage erlaubt, ob dieses Buch (noch) notwendig ist. Für das vorliegende Werk glaube ich diese Frage mit einem eindeutigen Ja beantworten zu dürfen, gibt es doch bisher für die in diesem Buch vorrangig behandelten Edelpapageien, die in Haltung und Zucht durchaus breiteres Interesse finden, keine brauchbare Publikation, die eine Bestimmung der zahlreichen Unterarten dieser Spezies ermöglicht. Die verschiedenen Unterarten von *Eclectus roratus* tragen nicht nur wesentlich zum Reiz gerade dieser Art bei, das Problem ihrer Unterscheidung und damit der Erhaltung wichtiger Merkmale der Spezies bei der (anzustrebenden) Nachzucht in Menschenobhut leitet auch zu einer weiteren Frage über, die sich der ernsthafte Liebhaber stellen (lassen) muß.

Tierhaltung, insbesondere auch die Haltung von Papageien, wird in der Öffentlichkeit heute oft in direkten Zusammenhang mit der Gefährdung der Arten gebracht. Das breite Echo in den öffentlichen Medien und die neuere einschlägige Gesetzgebung sind darüber hinaus sicher geeignet, bei dem einen oder anderen Halter seltener Tierarten ein schlechtes Gewissen zu erzeugen. Dazu muß ich anmerken, daß Haltung an sich und der dafür in der Regel notwendige Fang der Tiere, von einigen Ausnahmen abgesehen, eine Art in ihrem Bestand nicht gefährden kann, sondern in dieser Hinsicht eher indifferent zu sehen ist.

Schon die nicht wegzuleugnende Tatsache, daß eine viel größere Zahl von Arten vom Aussterben bedroht ist, als man in zoologischen Gärten und Liebhaberhand je finden konnte, legt den Schluß nahe, daß andere Ursachen eine wichtigere Rolle spielen müssen. Ökologen sind sich weitgehend einig, daß hier vorrangig, wenn nicht ausschließlich, die Zerstörung des Lebensraumes genannt werden muß, wie ich in diesem Buch noch darstellen werde. Viele der heute gefährdeten Arten kamen in ursprünglich so unzugänglichen Gebieten vor, daß eine Ausrottung durch Fang schon allein aus diesem Grunde nicht möglich gewesen wäre. Erst die weitgehende Zerstörung ihres Lebensraumes, oft beschönigend Erschließung genannt, machte häufig den Fang größerer Tierzahlen möglich. Ohne das Problem damit verniedlichen zu wollen, muß man zugeben, daß es sich bei den so zu uns gekommenen Individuen oft um im wahrsten Sinne des Wortes Heimatlose handelt, sicher in einigen Fällen auch um die Letzten ihrer Art. Deshalb aber den Tierhaltern kollektiv die Schuld am Aussterben vieler Arten zu geben, geht am Kern der Sache vorbei und rettet vor allem nichts.

Im Gegenteil, viele Liebhaber sind gleichzeitig auch engagierte Tierschützer, die in mehrfacher Hinsicht erheblich zum Schutz bedrohter Arten beitragen. Zunächst einmal haben sie oft erst auf die Schönheit einer artenreichen Tierwelt, die zu erhalten jede Anstrengung wert ist, aufmerksam, ja sie überhaupt erst bekannt gemacht. Schon frühzeitig wiesen sie auf die Folgen der Zerstörung der natürlichen Lebensräume für den Bestand der Arten hin.

Darüber hinaus verdankt die Zoologie den Beobachtungen und Erfahrungen, die bei der Haltung gerade seltener oder empfindlicher Arten von Liebhabern gesammelt wurden, einen Großteil der Informationen, die zum Schutz dieser Spezies gebraucht werden. Und nicht zuletzt ist es schwer, wenn nicht unmöglich, den Bürger für den Schutz von Tieren zu interessieren, die er nicht einmal kennt, die zudem in ihn nicht berührenden fernen Ländern leben, und ihm dafür eventuell auch noch Opfer abzuverlangen. Müssen wir nicht im eigenen Land immer wieder beobachten, wie die Natur gedankenlos von Mitbürgern oder gar höchst amtlichen Stellen zerstört wird, allein aus dem einen Grund, weil sie gar nicht kennen, was sie da gerade zerstören. Als Stichwort seien die gegen alle Einwände und Widerstände der Naturschützer geradezu unerbittlich durchgeführten sogenannten Flurbereinigungen erwähnt.

Mit diesem Buch soll auch versucht werden, interessierte Leser, soweit das in den Rahmen des Themas paßt, für diese Problematik zu sensibilisieren und vor allem auf die vorrangige Notwendigkeit des Schutzes der Lebensräume hinzuweisen. Am Rande sei angemerkt, daß die Natur vor unserer Haustür vom Gesetz mittlerweile so gut „geschützt" wird, daß nahezu jede Beschäftigung mit ihr unter Strafe gestellt ist, die meisten sie damit also fast nicht mehr kennenlernen können. Sie können sich allenfalls aus Büchern in seinen komplexen Zusammenhängen nur schwer verständliches Wissen anlesen. Viele wohlgemeinten Naturschutzinitiativen kranken daher erkennbar an einem grundlegenden Unverständnis für die Natur.

Die Haltung von Papageien oder anderen Tieren muß aber trotz der nicht wegzuleugnenden Gefährdung mancher Arten nicht ausschließlich mit dem Ziel der Arterhaltung durch Nachzuchten gerechtfertigt werden, wie dies heute verbreitet üblich ist. Seit Urzeiten hat der Mensch neben den sogenannten Nutztieren aus reiner Freude an den Erscheinungsformen der Natur Tiere gehalten. Ich glaube, daß wir dazu auch heute noch ein primär nicht bestreitbares Recht haben, was nicht heißt, daß dahinter unsere Verantwortung einerseits für die Erhaltung der gesamten Natur, andererseits für das Wohlergehen jedes einzelnen Tieres, das wir in unsere „Obhut" nehmen, zurückstehen darf. So ist ein reiner „Verbrauch", wie ihn insbesondere die Einzelhaltung darstellt, heute nicht mehr zu verantworten. Ziel der Pflege kann daher nicht nur die Gesunderhaltung der Vögel sein, sondern wir sollten alles daransetzen, ihnen optimale Bedingungen auch für die Fortpflanzung zu geben, so daß eine Entnahme von Tieren aus der Natur zur Deckung der vorhandenen Nachfrage oder zum Ausgleich der Verluste durch Tod unnötig wird oder auf ein vertretbares Minimum beschränkt werden kann.

Dafür müssen wir uns natürlich zuerst über die Bedürfnisse der zu haltenden Art informieren und den Tieren eine entsprechende Unterbringung und Versorgung geben. Mit dem vorliegenden Buch möchte ich dabei helfen und Anregungen dazu geben. Notgedrungen muß es aber unvollständig sein, da über die hier beschriebenen Gattungen zum Teil sehr wenig aus Freilandbeobachtungen bekannt ist, weil sie im Regenwald, ihrem natürlichen Lebensraum, nur schwer systematisch beobachtet werden können. Um so mehr sind wir auf den Austausch von Erfahrungen aus der Gefangenschaftshaltung angewiesen. Das gilt für gute wie schlechte Erfahrungen, da ein und der gleiche Fehler nicht zweimal auf Kosten unserer Pfleglinge gemacht werden sollte. Ausdrücklich möchte ich an dieser Stelle an die Leser appellieren, uneigennützig über ihre Erfahrungen in den einschlägigen Zeitschriften zu berichten. Wir sollten diese Publikationen im ureigensten Interesse als Forum für einen solchen Austausch nutzen. Letztlich kommt es jedem von uns und damit vorrangig wieder unseren Pfleglingen zugute, wenn auf diesem Wege aktuelles Wissen über Haltung und Zucht möglichst schnell eine weite Verbreitung findet.

Im folgenden werden drei verwandte Gattungen vorgestellt, die in den vergangenen zwei Jahrzehnten häufiger in Gefangenschaft gepflegt wurden und inzwischen auch erfolgreich brüteten, der Edelpapagei sogar regelmäßig. Anders als über die nahe verwandte Gattung *Psittacula*, deren bekanntester Vertreter der inzwischen domestizierte Halsbandsittich, *Psittacula krameri*, ist, finden sich über *Eclectus*, *Tanygnathus* und *Psittinus* in der Literatur nur wenige, zudem weit verstreute Angaben. Diese sollen, neben eigenen Untersuchungen, hier zusammengefaßt werden. Die systematisch ebenfalls nahestehenden Gattungen *Geoffroyus*, *Prioniturus* oder auch *Psittacella* sind in der Vogelhaltung nahezu unbekannt. Berichte über ihr Freileben sind bei Forshaw (1978, 1981) nachzulesen.

Auf den Salomon-Inseln werden die Bälge verschiedener Vogelarten, so auch die von Edelpapageien, zu Fächern verarbeitet.

Systematische Stellung und Klassifikation

Die Systematik ist eine wissenschaftliche Disziplin, die die Vielgestaltigkeit der Organismen und die Beziehungen zwischen ihnen untersucht. Nahe miteinander verwandte Formen weisen viele gemeinsame Merkmale auf, beispielsweise in Körperbau und Verhalten, und unterscheiden sich in gerade diesen Merkmalen wiederum von entfernter verwandten Formen. Durch die Klassifikation wird eine hierarchische Einordnung von Formen in ein Schema vorgenommen, das die verwandtschaftliche Zusammengehörigkeit von Arten und Artengruppen zum Ausdruck bringt (Mayr 1975).

Innerhalb der Klasse der Vögel bilden die Papageien eine einheitliche und gut abgrenzbare Ordnung. Typische äußere Merkmale sind der stark gekrümmte Oberschnabel, der mit dem Schädel gelenkartig verbunden ist, und die zu Greiforganen ausgebildeten Füße, bei denen die erste und vierte Zehe nach hinten, die zweite und dritte nach vorn gerichtet sind. Bis heute ist es allerdings schwer, diese homogene Gruppe im allgemeinen System der Vögel sicher einzuordnen. Nachdem die Papageien früher von verschiedenen Forschern in ganz unterschiedlicher Weise in das System eingefügt wurden (siehe Boetticher 1959), wird heute eine Verwandtschaft zu den Tauben angenommen (Peters 1937, Wolters 1975–1982).

Innerhalb einer Ordnung, wie beispielsweise der der Papageien, werden verschiedene Kategorien aufgestellt, um deren Mitglieder im Hinblick auf angenommene Verwandtschaftsverhältnisse zu klassifizieren.

Die niedrigste Kategorie ist die **Art** (hier: biologische Art), die sich dadurch auszeichnet, daß sie einzigartig ist und in bestimmten Merkmalen von einer anderen Art abweicht. Eine Art wird definiert als eine Gruppe sich miteinander kreuzender natürlicher Populationen, die von anderen derartigen Gruppen hinsichtlich ihrer Fortpflanzung isoliert ist (Mayr 1975), d. h. zwischen Vertretern zweier Arten findet normalerweise im Freiland (!) keine Verpaarung statt. In Gefangenschaft kann es aber unter speziellen Bedingungen, oder wenn ein entsprechender Artgenosse fehlt, zu einer Verpaarung artfremder Tiere, die sogar unterschiedlichen Gattungen angehören können, kommen. Die dadurch entstandenen Hybriden sind aber meist unfruchtbar.

Die nächsthöhere Kategorie ist die **Gattung**, die eine Art oder eine Gruppe von Arten enthält, die sich aus einer gemeinsamen Stammform entwickelt haben und daher bestimmte gemeinsame Merkmale aufweisen.

Die **Familie** (Endung der lateinischen Namen -idae) umfaßt eine Gattung oder eine Gruppe von Gattungen und unterscheidet sich von einer anderen Familie wiederum durch gewisse Merkmale, wie ökologische Besonderheiten, beispielsweise Nektarvögel (Nectariniidae), Schwalben (Hirundinidae) usw. (Mayr 1975).

In dem Ausmaß, in dem die Anzahl bekannter Arten und das Wissen über die Verwandtschaftsverhältnisse dieser Arten wuchsen, wurden die Hauptkategorien durch Einfügen von Zwischenstufen, z. B. Unterfamilie (Endung -inae) und Tribus (Endung -ini), unterteilt.

Die für die Ordnung der Papageien so typische große morphologische Ähnlichkeit erschwert ihre Gliederung, und so liegen auch aus neuerer Zeit verschiedene Systemvorschläge vor (Smith 1975, Wolters 1975–1982, Homberger 1980).

Weitgehend einig sind sich die genannten Autoren aber darüber, daß die Arten der Gattungen *Tanygnathus* und *Eclectus* nahe miteinander verwandt sind, Finsch (1868) vereinigte sie sogar in einer Gattung. *Psittinus* zeigt sowohl in anatomischen als auch in Verhaltensmerkmalen große Ähnlichkeiten (Smith 1981), ist aber etwas entfernter verwandt und wahrscheinlich über die Gattung *Psittacula* (Edelsittiche) mit *Tanygnathus* verbunden.

Smith (1975), dessen Vorschlag zur Gliederung der Papageien auf anatomischen, morphologischen und ethologischen Untersuchungen basiert, ordnet die hier vorgestellten und verwandte Gattungen folgendermaßen ein:

Ordnung:	Psittaciformes
Familie:	Psittacidae
Unterfamilie:	Loriinae
Tribus:	Psittaculini
Gattungen:	*Eclectus, Tanygnathus, Psittinus* und 12 weitere Gattungen.

Hier interessieren vor allem die Kategorien Art oder Spezies und Unterart oder Subspezies. Eine Unterart kann definiert werden als die Zusammenfassung im Erscheinungsbild ähnlicher Subpopulationen einer Art, die ein geographisches Teilgebiet der Art bewohnt und sich durch ausreichende äußere Merkmale von anderen Subpopulationen der Art unterscheidet. Die Verbreitungsgebiete zweier Unterarten überlappen sich nicht. Treffen zwei Unterarten zusammen, treten Übergangspopulationen auf, die die Merkmale beider Unterarten in sich vereinigen (Mayr 1975). Die hier besprochenen Papageienarten sind weitgehend Inselbewohner beziehungsweise auf dem Festland mit nur einer Unterart vertreten, so daß Übergangspopulationen im Freiland unbekannt sind. In Gefangenschaft existieren allerdings heute besonders bei Edelpapageien eine relativ große Anzahl von Übergangsformen, die durch Verpaarung von Neuguinea- und Halmahera-Edelpapageien entstanden sind. Diese Individuen zeigen Färbungen, die zwischen der der beiden Unterarten liegen.

Rotachselpapagei, Männchen ***(Psittinus cyanurus cyanurus).***

Schwarzschulterpapagei ***(Tanygnathus megalorhynchos).***

Blauscheitelpapagei ***(Tanygnathus lucionensis lucionensis).***

Die im tropischen Regenwald lebenden Edelpapageien, Großschnabel- und Rotachselpapageien halten sich bevorzugt in der Wipfelregion auf.

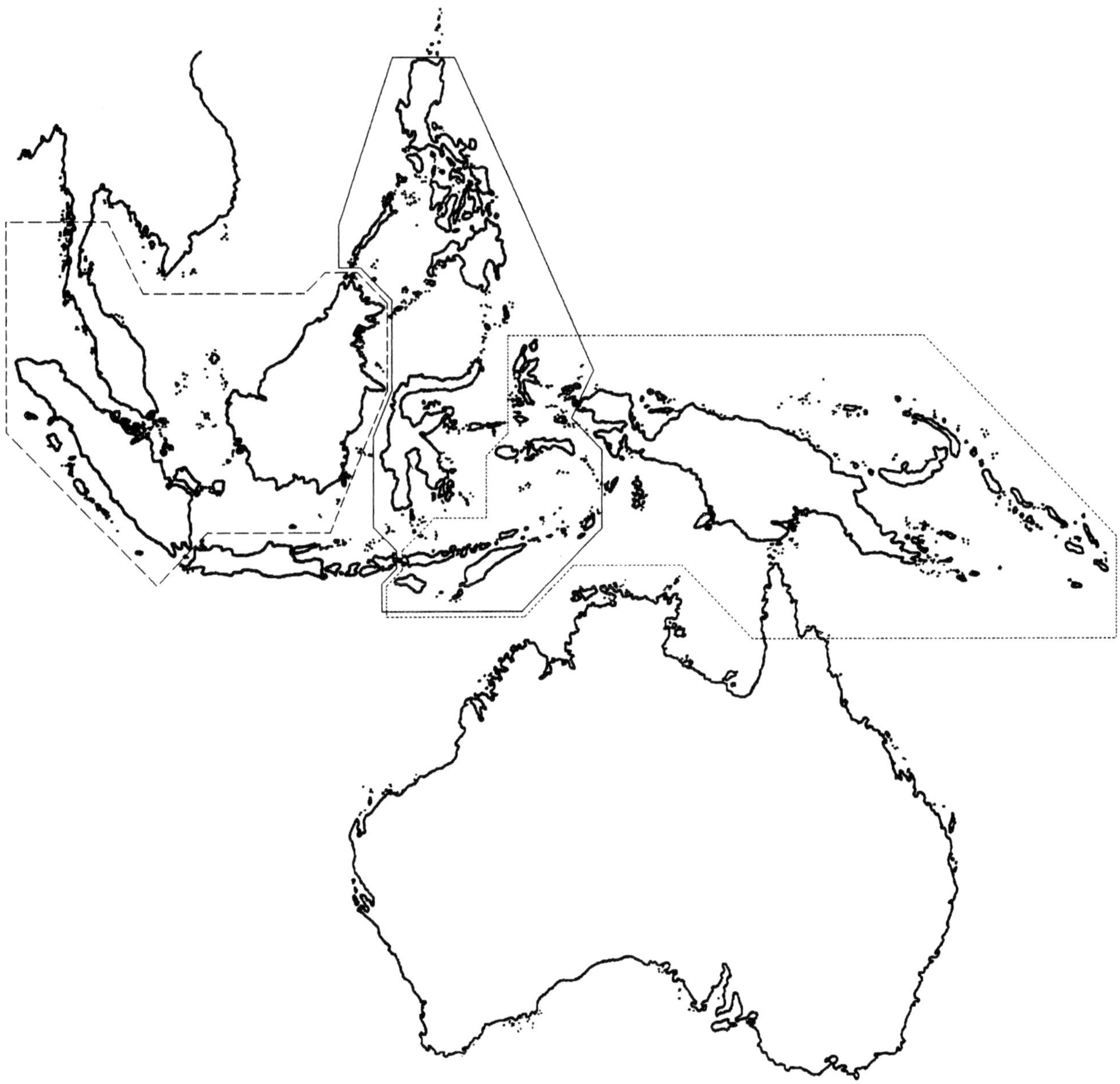

Geographische Verbreitung der Gattungen *Eclectus* (·········), *Tanygnathus* (———) und *Psittinus* (– – – – – –).

Geographische Verbreitung

Die Verbreitungsgebiete der Gattungen *Eclectus, Tanygnathus* und *Psittinus* schließen aneinander an beziehungsweise überlappen sich teilweise.

Der Edelpapagei, *Eclectus roratus*, ist von den Salomon-Inseln im Osten über Neuguinea und Australien bis zu den Molukken und Kleinen Sunda-Inseln im Westen verbreitet. Im westlichen Teil seines Areals leben auch Vertreter der Gattung der Großschnabelpapageien, *Tanygnathus,* die außerdem noch Sulawesi (früher Celebes) und die Philippinen bewohnen. Im Westen schließt sich das Verbreitungsgebiet des Rotachselpapageis, *Psittinus cyanurus*, an, der auf Borneo, Sumatra und der Malaiischen Halbinsel lebt.

Im Inneren des tropischen Regenwaldes ist es sehr dunkel, nur geringe Mengen der Sonnenstrahlung erreichen den Boden.

Lebensraum

Klima

Im größten Teil des Verbreitungsgebietes der hier betrachteten Gattungen herrscht ein tropisches Monsunklima vor, das feucht und heiß ist und im Verlauf des Jahres nur geringe Temperaturschwankungen aufweist. Je nach geographischer Lage und der Höhe über dem Meeresspiegel liegen die mittleren monatlichen Tageshöchsttemperaturen beispielsweise zwischen 27,4 °C und 30,9 °C, die Tiefsttemperaturen zwischen 22,2 °C und 25,4 °C (Draffan et al. 1983). Die niedrigste Temperatur, die im Jahre 1974 auf der Kap-York-Halbinsel im Nordosten Australiens gemessen wurde, registriert im Juni, betrug 11,3 °C, die mittlere Tiefsttemperatur im selben Monat 17,8 °C (Forshaw & Muller 1978). Das bedeutet, daß die oben genannte Temperatur als „Kälterekord“ anzusehen ist, der deutlich unter den sonst auftretenden Nachttemperaturen lag.

Die jährliche Niederschlagsmenge in diesen Regionen schwankt zwischen 1800 mm und 5000 mm (bis 7000 mm), im Durchschnitt liegt sie bei 2000 bis 3000 mm (Pearson 1975, Hadden 1981, Draffan et al. 1983, Watling 1983, Mees 1986). (Zum Vergleich: In Deutschland fallen im unteren Rheintal im langjährigen Mittel pro Jahr zwischen 600 und 750 mm Regen.) Die Niederschläge verteilen sich auf zwei mehr oder weniger ausgeprägte Jahreszeiten: In der Regenzeit, von Dezember bis April, in der Nordwestwind (Wintermonsun) überwiegt, fallen deutlich mehr Niederschläge als in der Trockenzeit, von April bis November, in der der Wind hauptsächlich aus Südosten kommt (Sommermonsun). Allerdings gibt es auch in der Trockenzeit keinen Monat ohne Regen. Die relative Luftfeuchte ist das ganze Jahr über hoch, mit deutlichen tageszeitlichen Unterschieden. Morgens liegt sie im Waldesinneren nahe 100 %, auf Lichtungen bei 80 %, und fällt im Verlauf des Tages auf 70-75 % (Bell 1982 a).

Die Kleinen Sunda-Inseln haben ein von den übrigen Gebieten abweichendes Klima mit ausgeprägten Jahreszeiten. Sie liegen im Regenschatten Nordaustraliens und erhalten in den Monaten von April bis November, wenn der Wind aus Südosten kommt, sehr wenig Regen. Die Hauptniederschlagsmenge bringt hier der Wintermonsun (White & Bruce 1986).

Vegetation

Die Gebiete, in denen dieses ständig heiße und feuchte Klima herrscht, sind bzw. waren zum größten Teil von tropischem immergrünem Regenwald bedeckt, dem bevorzugten Lebensraum für die meisten Arten der Gattungen *Eclectus, Tanygnathus* und *Psittinus.* Der Regenwald des Tieflandes stellt eine sehr artenreiche Pflanzengemeinschaft dar, die hauptsächlich von Bäumen gebildet wird.

Einige klimatische Parameter, aufgezeichnet in der Brown River Forestry Station in der Nähe von Port Moresby, Neuguinea (aus Bell 1982a).

	Dez.	Jan.	Febr.	März	Apr.	Mai	Juni	Juli	Aug.	Sept.	Okt.	Nov.
Niederschlagsmenge (mm)												
Mittelwerte 1968–1976	185	261	212	292	218	196	88	51	44	95	164	204
1975–1976	275	439	121	216	213	323	112	47	6	2	205	209
Temperatur (°C)												
Maxima 1975–1976	33	32	32	32	32	31	32	31	33	33	34	33
Minima 1975–1976	22	22	23	22	21	21	22	21	21	21	23	23

Relative Luftfeuchte				
Mittelwerte August 1975	9.00 Uhr	80,3 % (61–91 %)	15.00 Uhr	70,8 % (50–87 %)
Januar 1976	9.00 Uhr	80,5 % (67–95 %)	15.00 Uhr	75,7 % (53–95 %)

Normalerweise lassen sich drei Etagen unterscheiden: Die höchste Schicht bilden Baumriesen, die sogenannten Überständer, die alle anderen Bäume überragen. Sie können über 50 m hoch werden. Unter ihnen breitet sich in einer Höhe von 30-40 m eine meist aus flachen, gleichhohen Wipfeln gebildete geschlossene Kronenschicht aus. Von unten reichen an sie niedrigere, schlankwipflige Bäume heran, die das untere Stockwerk formen. Der Boden im Waldesinnern, der von höchstens 2 % der Sonnenstrahlung erreicht wird, die auf das Kronendach niedergeht, ist aufgrund des Lichtmangels für Pflanzen ein extremer Lebensraum. Er ist offen und leicht zu durchwandern. Nur an Wegen, Flußufern oder in Schneisen, die beim Umstürzen gealterter Bäume geschlagen werden, breitet sich ein dichtes Gewirr von Kräutern und Schlinggewächsen aus. Diese Randzonen haben wohl die landläufige Meinung von der Undurchdringlichkeit des Regenwaldes geprägt. Zwar wachsen auch mitten im Wald Kletterpflanzen, sie breiten ihre Blätterkronen aber erst in und auf den sie tragenden Bäum aus (Ayensu 1981).

Infolge des verhältnismäßig gleichbleibenden Klimas ist keine ausgeprägte Jahresperiodizität vorhanden, und die meisten Bäume blühen mindestens zweimal im Jahr. Manche blühen und fruchten auch das ganze Jahr über (Vareschi 1980). Da sich aber die meisten Tierarten auf eine mehr oder weniger große Anzahl von Nahrungspflanzen spezialisiert haben, schwankt auch in den Tropen das Angebot an bevorzugter Nahrung im Verlauf eines Jahres.

Vor allem auf den Kleinen Sunda-Inseln, aber auch in den trockeneren Gebieten der anderen Inseln, finden sich neben immergrünem Regenwald in den feuchteren Regionen und immergrünen Galeriewäldern die Monsunwälder, die ihr Laub während der Trockenzeit zum Teil verlieren.

Weite Bereiche der Küstenzonen sind mit Mangrovenwäldern bedeckt, die vor allem von Schwarzschulterpapageien, *Tanygnathus megalorhynchos*, aufgesucht werden. Mangroven sind Wälder, die mehr oder minder stark von Ebbe und Flut beeinflußt werden. Weitspannende Stelzwurzeln sind typisch für viele Bäume der Mangrovenzone. Während der Ebbe wird mit speziellen Atemwurzeln Sauerstoff aus der Luft aufgenommen, da er im Meeresschlick meist fehlt.

Die genannten Lebensräume, vor allem der Regenwald des Tieflandes, sind in starkem Maße bedroht. Am günstigsten sieht es noch in Papua-Neuguinea aus (für den Westteil Neuguineas, Irian Jaya, liegen keine Daten vor): Hier sind noch 65 % des Regenwaldes vom Menschen unbeeinflußt (Beehler 1985). In Malaysia und Indonesien dagegen befindet sich der Tieflandregenwald ganz in der Hand der Holzindustrie. Nach Schätzungen der nationalen Forstbehörde Malaysias wird der Regenwald des Landes durch selektiven Holzeinschlag bis Ende 1990 durchgearbeitet sein (Wells 1985). Große Teile des durchforsteten Waldes werden schließlich vollständig gerodet und in Monokulturen, z. B. Leguminosen-Plantagen, verwandelt.

In Indonesien, das mittlerweile der größte Sperrholzproduzent der Welt ist und dessen gesamte Holzverarbeitung nach Öl und Gas der zweitgrößte Titel der exportierten Güter ist, werden die Waldgebiete hauptsächlich mit Eukalyptusbäumen wieder aufgeforstet (Frankfurter Allgemeine Zeitung vom 9. 10. 1989).

Die Auswirkungen, die diese intensive Bearbeitung und Nutzung der Regenwälder auf die dortige Tierwelt hat, sind bisher kaum bekannt, da nur sehr wenige Untersuchungen zum Status der einzelnen Arten durchgeführt wurden. Die meisten Studien über die Folgen der Zerstörung der ursprünglichen Lebensräume liegen aus den Neotropen, aus Mittel- und Südamerika, vor. Es gibt aber keinen Grund anzunehmen, daß die Umweltveränderungen in Südostasien auf Artenbestand und -vielfalt nicht die gleichen verheerenden Auswirkungen haben wie dort. Gefährdet sind vor allem die Arten, die spezialisiert und an bestimmte Habitate angepaßt sind, sich etwa vorzugsweise von bestimmten Pflanzen ernähren. Ebenso gefährdet sind auch große, in Baumhöhlen brütende Vogelarten, da bei der selektiven Rodung meist nur dicke Stämme geschlagen und damit vor allem mögliche Brutbäume vernichtet werden.

Der einzige Weg, um die Vielfalt waldbewohnender Tierarten zu erhalten, ist die Errichtung ausreichend großer Naturschutzgebiete. So sind beispielsweise auf den Molukken Nationalparks geplant, die alle Wald-Ökosysteme, von Meereshöhe bis zum Gipfel des mit über 3000 m höchsten Berges der Inselgruppe, des Gunung Pinaia auf Seram, umschließen (Smiet 1982, Low 1984).

Die vorstehend dargestellten Klimaverhältnisse und Lebensräume sind grundverschieden von dem, was wir den Tieren in unseren Breiten bieten können. Bei aller Anpas-

sungsfähigkeit vieler Papageienarten, die eine Haltung in Gefangenschaft überhaupt erst möglich macht, sollten wir darauf bedacht sein, wenn wir die Verantwortung für das Wohl der Vögel übernehmen, ihren angeborenen Bedürfnissen, soweit nur irgend möglich, gerecht zu werden. Dies zuvorderst um der Tiere selbst willen, aber auch, weil dieses Hobby nur dann Befriedigung geben kann, wenn es uns gelingt, sie in unserer Obhut gesund und vital zu erhalten.

Einige der in der Mangrovenzone wachsenden Baumarten nehmen während der Ebbe mit speziellen Atemwurzeln Sauerstoff aus der Luft auf. Schwarzschulterpapageien gehen im Mangrovenwald auf Nahrungssuche.

Erwerb und Eingewöhnung

Überlegungen vor dem Kauf

Trägt man sich mit dem Gedanken, einen Papagei zu kaufen, sollte man sich vor der Anschaffung eines Tieres über die Konsequenzen einer solchen Entscheidung im klaren sein. Ausdrücklich zu warnen ist vor Spontankäufen, da die Haltung eines Vogels nicht nur Freude bereitet, sondern dem Besitzer die Bereitschaft abverlangt, Tag für Tag einige Zeit in die Betreuung seines Pfleglings zu investieren. Dazu gehören neben der Fütterung, der Säuberung der Unterkunft und der Pflege auch die intensive Beschäftigung mit dem Vogel, insbesondere, wenn ein einzelner Papagei gehalten wird. Nur wer sehr viel Zeit zur Verfügung hat, kann die Haltung eines Einzeltieres verantworten. In jedem Fall artgemäßer und letztendlich interessanter für den Pfleger ist die Anschaffung eines Paares. Gerade Edelpapageien können nach meiner Erfahrung auch bei paarweiser Haltung ausgesprochen zahm werden. Edelpapageien bleiben meist auch während Brut und Jungenaufzucht umgänglich und friedlich, anders als zahme Graupapageien oder Amazonen, die dann häufig sehr aggressiv werden.

Vor dem Kauf eines Papageis sollte man sich auch über die Lautstärke der betreffenden Art informieren. Lärmempfindlichen Personen muß man vom Erwerb von Edelpapageien abraten. Im Gegensatz zur in der Liebhaberliteratur weit verbreiteten Ansicht, Edelpapageien seien ruhige Vögel, entwickeln die Tiere eine ganz beachtliche Lautstärke. Vor allem die in Gefangenschaft geborenen Edelpapageien, anders als die meisten Importtiere, schreien teilweise recht ausdauernd. Auch wenn den Pfleger selbst die Stimmen seiner Tiere nicht stören, so kann er doch nicht voraussetzen, daß die Nachbarn die gleiche Toleranz aufbringen.

Erwerb

Hat ein Vogelhalter sich nach reiflicher Überlegung zum Kauf eines bestimmten Papageis entschlossen, der ihm von einem Züchter oder Händler angeboten wird, sollte er das Tier auf jeden Fall selbst abholen. Nur so kann er in Ruhe den Vogel in dessen gewohnter Umgebung beobachten und sich über die Unterbringung und vor allem Fütterung informieren.

Zuerst betrachtet man den Vogel aus größerer Entfernung: Ein gesundes Tier ist lebhaft und aufmerksam. Das Gefieder ist glatt und glänzend, und die Augen sind klar. Wenn der Vogel gerade ruht, hat er das Gefieder etwas aufgestellt und meist ein Bein ins Bauchgefieder gezogen.

Sitzt ein Vogel längere Zeit träge herum oder schläft gar auf beiden Beinen ruhend, obwohl sich eine fremde Person im Raum aufhält, sind die Augen glanzlos und halb zugekniffen und das Gefieder gesträubt, sollte man vom Erwerb Abstand nehmen, da dieses Tier mit hoher Wahrscheinlichkeit krank ist. Bei frisch importierten Tieren, die man direkt beim Händler kauft, müssen, was den Gefiederzustand angeht, einige Abstriche gemacht werden: Durch Fang, Transport und Quarantäne in häufig recht engen Käfigen wird das Gefieder mehr oder weniger stark in Mitleidenschaft gezogen. Zudem werden den größeren Papageien meist die Flügel gestutzt, so daß das Federkleid insgesamt zerschlissen und zerzaust wirkt.

Deutlicher Hinweis auf eine Erkrankung ist auch ein angestrengtes Atmen, das zudem von Atemgeräuschen begleitet sein kann. Im Takt der Atemzüge wird dabei der Schwanz auf und ab bewegt. Ein Vogel, der verstopfte Nasenlöcher oder Ausfluß aus den Nasenöffnungen hat, dessen Augenlider entzündet oder geschwollen sind oder dessen Gefieder im Bereich der Kloake verschmutzt ist, ist krank. Ein solches Tier, sollte es denn überhaupt angeboten werden, kauft man besser nicht.

Aufschluß über den Gesundheitszustand können auch Beschaffenheit und Farbe des Kotes geben. Er besteht normalerweise aus den festeren dunkelgrünen Ausscheidungen aus dem Darm und dem weißen Harnsäureanteil. Hierbei ist allerdings zu berücksichtigen, daß ein Papagei, der viel Obst und Grünfutter frißt, sehr viel weicheren Kot absetzt als einer, der sich von trockenen Körnern ernähren muß.

Zum Schluß nimmt man den Vogel in die Hand, bei größeren Vögeln läßt man eine zweite Person das Tier halten und überprüft durch Abtasten den Ernährungszustand. Die Brustmuskulatur sollte kräftig ausgebildet und fest sein, das Brustbein darf nicht scharf hervortreten. Andererseits sollten auch keine gelblichen Fettablagerungen unter der Haut zu sehen sein. Bei ganz jungen Vögeln ist die Flugmuskulatur noch nicht so stark ausgebildet, bei ihnen ist das Brustbein deutlich zu fühlen. Zeigen sich bei der Kontrolle der Füße kleinere Krallen- oder Zehenfehler, sollten, sofern der Vogel ansonsten gesund erscheint, diese nicht vom Kauf abhalten. Auch bei Papageien, denen man die Möglichkeit zur Fortpflanzung geben möchte, spielen solche Fehler für einen Bruterfolg keine Rolle.

Hat man sich für den Kauf des Vogels entschieden, bringt man ihn in einer Transportkiste auf schnellstem Wege nach Hause. Erwirbt man mehr als einen Vogel, setzt man jedes Tier in eine separate Transportkiste. Auch fest verpaarte Papageien können durch das Fangen und Transportieren so erregt sein, daß sie sich gegenseitig angreifen, bringt man sie zusammen in einem Behälter unter. Käfige sind für den Transport ungeeignet, da sich die Vögel durch Herumflattern leicht Verletzungen zuziehen können. Außerdem schützen sie nicht vor Zugluft.

Eingewöhnung

Jeder neu erworbene Vogel, gleichgültig, ob er von einem Importeur oder einem Züchter kommt, sollte in den ersten vier bis sechs Wochen von einem bereits vorhandenen Vogelbestand isoliert untergebracht werden. Auch ein gesund erscheinendes Tier kann Krankheitserreger in sich tragen. Aus diesem Grund müssen Futternäpfe und Reinigungsgeräte für den Neuankömmling ebenfalls streng separiert werden. Durch die Belastungen, denen der Vogel durch den Umgebungswechsel ausgesetzt ist, können das körpereigene Abwehrsystem beeinträchtigt sein und eine latent vorhandene Krankheit ausbrechen.

Während der Eingewöhnungszeit läßt man, entweder durch einen kompetenten Tierarzt oder durch ein veterinärmedizinisches Institut, parasitologische und bakteriologische Untersuchungen von Kotproben durchführen. Ergibt sich ein Befund, kann man eine Therapie einleiten, bevor das Tier in Kontakt mit dem übrigen Vogelbestand kommt.

Wichtig ist, daß der Papagei in der ersten Zeit das Futter erhält, das er bei seinem Vorbesitzer gereicht bekam. Aber selbst dann kann es vorkommen, daß er in den ersten ein oder zwei Tagen die Nahrungsaufnahme verweigert, was bei einem gesunden und kräftigen Vogel unbedenklich ist. Frißt er wieder normal, sollte man eine gegebenenfalls notwendige Futterumstellung langsam durchführen. Manche Individuen sind in der Auswahl der Nahrung sehr konservativ, sie verhungern lieber, als daß sie Unbekanntes fressen. Dies gilt vor allem für Frischimporte, in Gefangenschaft geborene Vögel sind da meist weniger problematisch. In jedem Fall empfehlen sich in der ersten Zeit zusätzliche Vitamingaben, um die Widerstandskraft gegen Infektionen zu stärken (siehe Kapitel Ernährung).

Vor allem gönnt man dem Neuankömmling erst einmal Ruhe und stört ihn so wenig wie möglich. Durch die Überwachung der Futteraufnahme und die vorsichtige Beobachtung des Vogels erhält man recht bald einen Eindruck von dessen körperlicher Verfassung.

Haltung

Unterbringung

Da Edelpapageien, Großschnabelpapageien und Rotachselpapageien recht fluggewandte Vögel sind, kommt eine Haltung im Käfig nur für einen zahmen Vogel in Frage, der täglich die Möglichkeit zum Freiflug im Zimmer erhält. Diese Ausflüge sollte man aber nur dann gestatten, wenn man die Tiere dabei im Auge behalten kann. Obwohl sie meist keine argen Holzzerstörer sind, können sie doch einigen Schaden an der Zimmerausstattung anrichten: Bücher werden angenagt, Pflanzen zerbissen und die Gardine zum Klettern benutzt. Selbstverständlich bleiben während der Freiflüge Türen und Fenster geschlossen.

Glasscheiben müssen, da der Vogel sie nicht als Hindernis erkennen kann, entweder durch das Anbringen von dünnen Vorhängen oder durch das Aufhängen von Blumentöpfen mit für den Vogel verträglichen Pflanzen, z. B. *Tradescantia* sp., gegen Anfliegen gesichert sein.

Der Papagei, der nicht beaufsichtigt werden kann, wird in einem Käfig untergebracht. Ein solcher Käfig kann niemals zu groß, sehr leicht aber zu klein sein. Viele der im Zoohandel angebotenen Käfige sind ungeeignet, da sie den Vogel in seinen Bewegungen zu sehr einschränken. Ein Käfig sollte so groß sein, daß sein Bewohner darin mit den Flügeln schlagen kann, ohne daß die Schwungfedern die Wände berühren. Außerdem sollte ein Modell gewählt werden, dessen Länge größer ist als die Höhe, da der Vogel sich hauptsächlich in den oberen Käfigregionen aufhält und eine große Höhe auch beim Klettern kaum nutzt.

Ein Papageienkäfig besteht zweckmäßigerweise aus Metall. Holzrahmen lassen sich zum einen schlechter sauberhalten und bieten leichter Schlupfwinkel für Parasiten, zum anderen halten sie auf Dauer kaum einem Papageienschnabel stand. Selbst kleinere Arten leisten Erstaunliches. Günstig ist, wenn der Ganzmetallkäfig zerlegbar ist, da dann eine gründliche Reinigung einfacher vorgenommen werden kann.

Das Käfiggitter sollte aus horizontal verlaufenden Stäben bestehen, damit der Vogel beim Klettern Halt findet. Zum Klettern wesentlich günstiger und letztendlich für den Vogel sicherer sind Wände aus punktgeschweißtem Viereckgeflecht. Gerade junge Vögel sind anfangs oft noch ungeschickt und stecken beim Umherklettern leicht einen Flügel durch die Gitterstäbe. Rutschen sie dann ab, kann es zu Flügelverrenkungen oder -brüchen kommen. Käfige mit Viereckgitter werden bereits von einigen Firmen angeboten.

Beim Kauf eines Käfigs achte man unbedingt darauf, daß, je nach Größe, ein oder zwei Schubladen mit ausreichend hohem Rand vorhanden sind, die die tägliche Reinigung des Bodenbelags erleichtern. Leider hat man bei manchen im Handel erhältlichen Käfigen den Eindruck, daß der verantwortliche Konstrukteur noch nie einen Vogel gepflegt hat. Ein Schmutzgitter über dem Käfigboden, das den Vogel daran hindern soll, mit seinen Ausscheidungen in Berührung zu kommen, ist unsinnig, da es seine Aufgabe nicht erfüllen kann, weil der Kot ohnehin an den Stäben des Rostes hängenbleibt. Ein solches Gitter sollte deshalb nicht eingebaut werden. Als Bodenbelag empfiehlt sich für früchtefressende Papageien Zeitungspapier, das täglich mit Futterresten und Kot entfernt wird. Fängt der Vogel allerdings an, die Zeitung zu zerreißen und darauf herumzukauen, verwendet man besser Sand als Einstreu.

Auch dann müssen die Futterreste täglich entfernt werden, was unter Zuhilfenahme eines groben Kammes als Rechen leicht und schnell möglich ist.

Die mit den Käfigen üblicherweise mitgelieferten Hartholzsitzstangen sind zwar leicht zu reinigen, haben aber den Nachteil, daß sie dem Vogelfuß keine Abwechslung bieten. Naturäste mit rauher Rinde und von unterschiedlicher Stärke sind wesentlich besser geeignet. Als Sitzäste verwendet man trockene Zweige. Die Vögel nagen zwar auch hier noch die Rinde ab, der Ast selbst aber leistet dem Schnabel mehr Widerstand. Frische Zweige mit saftiger Rinde werden regelmäßig zusätzlich gereicht.

Besonders wichtig ist eine ausreichend große Anzahl von Futternäpfen. Den Trinknapf eingeschlossen, müssen vier, besser fünf, leicht zu reinigende Gefäße vorhanden sein, in denen Obst, Keimfutter, Trockenfutter und eine Mineralstoffmischung getrennt angeboten werden können. Sind vom Hersteller weniger Näpfe vorgesehen, muß man zusätzlich solche verwenden, deren Halterung leicht im Käfiggitter befestigt werden kann.

Neben dem Käfig kann man einen Papageienständer oder Kletterbaum aufstellen, auf dem der Vogel sich tagsüber unter Aufsicht aufhalten kann. Allerdings ist es irrig anzunehmen, daß ein gesunder Vogel freiwillig nur dort sitzen bleibt. Der Ständer dient als Ausgangspunkt für Ausflüge ins Zimmer. In keiner Weise vertretbar ist das früher häufig praktizierte Anketten der Vögel. Ich lehne auch das Beschneiden der Schwungfedern ab, da dem Vogel zu viel von seiner artgemäßen Fortbewegungsweise genommen wird. Ein Papagei geht eben normalerweise nicht zu Fuß. Jeder, der gesehen hat, wie geschickt ein Edelpapagei im Zimmer umherfliegt, wird sich das Flügelstutzen gut überlegen. Soll der Vogel im Sommer Frischluft genießen, stellt man ihn entweder im Käfig ins Freie, oder man kann von außen vor einem Fensterflügel einen mit Draht bespannten Rahmen anbringen, der es erlaubt, den Papagei bei geöffnetem Fenster im Raum frei fliegen zu lassen.

Käfige der Größe … ieraufenthalt eines
… ler sehr teuer. Mit
… ınn man sie aber
… lie Bedürfnisse der
… l die des Pflegers
… ichter Reinigung

… auf das gute und
… (1989), der sich
… tung von Käfigen
… ıuch auf die ein-
… und des Nach-
… r Volierenanlage
… tet werden müs-
… allerwichtigsten
… von Volieren

… ıd will ihm die
… die Unterbrin-
… ın möglich mit
… der Haltung.
… erbreitungsge-
… ıngen vorherr-
… l während des
… /oliere leben,
… die Möglich-
… sollen, stundenweise die Freianlage aufzusuchen.

Die Innenvoliere sollte deshalb mindestens so groß sein wie die Außenvoliere. Die Abmessungen einer solchen Papageienunterkunft richten sich nach dem zur Verfügung stehenden Platz und nach den eigenen finanziellen Möglichkeiten. Aber auch hier gilt: je größer, desto besser.

Werden mehrere Volieren nebeneinander errichtet, empfiehlt es sich, die Abtrennungen zumindest teilweise durch feste Wände vorzunehmen, um den Tieren einen Bereich zu schaffen, in dem sie ungestört sind. Eine durchgehend feste Wand hat den Nachteil, daß man die Vögel nur beobachten kann, wenn man direkt vor ihrem Abteil steht. Die Drahtabtrennung zwischen den Volieren muß auf jeden Fall durch Doppelgitter vorgenommen werden, die einen Abstand von mindestens 15 mm zueinander haben. Dadurch wird verhindert, daß sich benachbarte Vögel bei Beißereien gegenseitig verletzen. Ein Nachteil dieser Doppelgitter ist allerdings, daß sich zwischen ihnen sehr schnell Schmutz ansammelt, der nur schwer zu entfernen ist.

Überall dort, wo Volierentüren direkt ins Freie führen, müssen Schleusen vorgeschaltet werden, um ein Entfliegen der Vögel zu verhindern. Ist keine Schleuse vorhanden, kann ein lose über die Tür gehängtes Netz, unter das man kriecht, bevor man die Tür öffnet, die Gefahr des Entweichens verringern.

Ein Vogelhaus, das die Innenvolieren beherbergt, sollte gut isoliert sein, um im Winter die Heizkosten möglichst niedrig zu halten und im Sommer eine Überhitzung zu vermeiden. Außerdem muß für eine gute, zugfreie Belüftung gesorgt sein. Als Fenster werden am besten Stegdoppelplatten eingesetzt, die zum einen isolieren, zum anderen von den Vögeln als Hindernis erkannt werden. Die Ausflugöffnungen von der Innen- zur Außenvoliere sollten sich relativ niedrig, etwa einen Meter über dem Boden befinden, um den Wärmeverlust in der kalten Jahreszeit gering zu halten.

Die Papageien sollten die Nacht immer in der Innenvoliere verbringen. Sie sind dadurch vor Störungen, beispielsweise durch Katzen oder Eulen, geschützt. Außerdem kann man den Nachbarn das morgendliche Schreikonzert ersparen, das im Sommer mit beginnender Helligkeit sehr früh einsetzt. Wird die Innenanlage abends künstlich beleuchtet und erhalten die Vögel abends frisches Futter, suchen sie meist freiwillig den Innenraum auf. Über eine Zeitschaltuhr wird später das Hauptlicht ausgeschaltet und gleichzeitig eine schwache Nachtbeleuchtung eingeschaltet, die den Tieren erlaubt, sich in ihrer Unterkunft zurechtzufinden, sollten sie einmal vom Schlafplatz aufgeschreckt worden sein. In jedem Fall ist eine ausreichend helle Beleuchtung zu installieren, um den Papageien auch im Winter mindestens einen 12-Stunden-Tag bieten zu können.

Die Einrichtung der Voliere besteht aus Naturästen verschiedener Stärke, die so angebracht werden, daß die Tiere möglichst weite Strecken fliegen können (und müssen). Es sollten nicht nur waagrechte, sondern auch mehr oder wenig stark geneigte Zweige vorhanden sein. Freischwingend aufgehängte dicke Hanftaue, die den Flugraum nicht zu sehr einschränken, bieten den Papageien Ketter- und Beschäftigungsmöglichkeiten. Als Bodenbelag ist Sand am zweckmäßigsten. Er wird regelmäßig durchgerecht und in größeren Abständen vollständig erneuert. Außenvolieren müssen bei schweren, schlecht wasserdurchlässigen Böden unter dem Sand mit einer Dränageschicht versehen werden, um Staunässe zu vermeiden.

Als Futter- und Wassergefäße besonders geeignet, leider aber nicht ganz billig, sind Edelstahlnäpfe, die mit einer Federhalterung an einer Wand oder am Gitter befestigt werden können. Futterreste fallen direkt auf den Boden und können dort täglich entfernt werden. Gerade beim Verfüttern von Obst und Keimfutter sollte man sich dieser Mühe unterziehen, da die feuchte Nahrung leicht verdirbt und schimmelt. Verwendet man andere Näpfe, stellt man sie in einen aus Volierengitterresten gebogenen Korb, dessen Rand so hoch ist, daß die Vögel die Futterschalen nicht hinüberziehen und auf den Boden werfen können. Alle Gefäße, die Feuchtfutter enthalten, und die Wassernäpfe müssen täglich gründlich gereinigt werden. Man kann sich diese unbedingt notwendige Arbeit erleichtern, wenn man eine Spülmaschine einsetzt. Sie bietet darüber hinaus den Vorteil, daß das Futtergeschirr anschließend steril ist und eine Übertragung von Krankheiten über die Näpfe ausscheidet.

Eine weitere Art der Unterbringung, die in den USA häufiger praktiziert wird, ist die in allseits drahtbespannten Hochkäfigen, bei denen die Futterreste und der Kot weitgehend durch das Bodengitter fallen. In den klimatisch günstigen Lagen Amerikas werden diese Gehege im Freien aufgestellt, bei uns in Deutschland müssen sie in festen Vogelhäusern untergebracht werden. Der Boden unter den Volieren kann leicht mit einem Wasserschlauch ausgespritzt und das Schmutzwasser über einen Abwasserkanal entsorgt werden. Diese Art der Haltung ist zumindest für die Papageien, die auch auf dem Boden nach Nahrung suchen, nicht geeignet und in meinen Augen auch ästhetisch nicht befriedigend.

Wer mehr über das Verhalten der von ihm gepflegten Tiere wissen möchte, sollte sich eine elektronische Beobachtungsanlage anschaffen. Sehr gut geeignet sind die beispielsweise auch in Kaufhäusern eingesetzten Überwachungsanlagen. Denn gleichgültig, ob die Vögel scheu oder zahm sind, das Auftauchen des Pflegers beeinflußt das Verhalten. Das Zusammengewöhnen eines Papageienpaares, das nicht immer problemlos verläuft, kann besser überwacht werden, da ein Blick auf den Monitor kritische Situationen schnell erkennen läßt. Auch Erkrankungen fallen durch Abweichungen im Verhalten sehr viel eher auf, gerade bei scheuen Vögeln, und eine früher einsetzende Behandlung vergrößert die Heilungschancen. Montiert man die Kamera auf einen Antennenrotor, kann man sie vom Beobachtungsraum aus auch schwenken und so mehrere Volieren nacheinander ins Blickfeld bringen.

Ernährung

Allgemeines

Wesentlich für die Gesunderhaltung der Papageien in Gefangenschaft ist vor allem eine ausgewogene und abwechslungsreiche Ernährung. Das große Problem ist, daß wir von den wenigsten Arten wissen, welche Nahrung sie in ihrer Heimat zu sich nehmen. Meist findet man in der Literatur nur allgemeine Hinweise auf das Futter und den Kropfinhalt der gesammelten Vögel. Für Edelpapageien beispielsweise werden angegeben: weiche, meist feigenähnliche Früchte (Cain & Galbraith 1956), stärkehaltige Baumfrüchte und Pilze (Dahl 1899), harte, feinzerbissene Kerne (Heinroth 1902), Früchte, Samen und Nektar (Bell 1982 a, b, 1984). Selbst soweit sie bekannt ist, ist es meist nicht möglich, den Vögeln ihre natürliche Nahrung anzubieten, so daß man auf Ersatznahrung ausweichen muß.

Als Grundnährstoffe benötigen die Papageien, wie andere Tiere auch, Proteine, Fette und Kohlenhydrate. Außerdem braucht der Organismus Vitamine und Mineralstoffe.

Wichtig ist die ausreichende Versorgung des Vogels mit Proteinen, da kein anderer Nährstoff deren Funktion im Stoffwechsel übernehmen kann. Sie spielen eine besondere Rolle bei Aufbau und Ersatz der Substanz des Organismus, im sogenannten Baustoffwechsel. Sie sind aus Aminosäuren aufgebaut, und zehn dieser Aminosäuren sind für Vögel essentiell, d. h. sie müssen mit der Nahrung aufgenommen werden, da sie nicht durch Umbildung aus anderen Aminosäuren aufgebaut werden können. Die zur Verfügung stehenden Futtermittel haben unterschiedliche Aminosäurezusammensetzungen, so daß ein vielfältiges und abwechslungsreiches Nahrungsangebot am ehesten den Bedarf deckt.

Kohlenhydrate und Fette dienen in erster Linie der Lieferung der für die Aufrechterhaltung der Lebensfunktion notwendigen Energie im Betriebsstoffwechsel, beim Vogel vor allem der Lieferung von Wärme und mechanischer Arbeit, etwa beim Fliegen.

Kohlenhydrate sind aus Kohlenstoff, Wasserstoff und Sauerstoff zusammengesetzte Verbindungen. Pflanzliche Produkte sind die Hauptlieferanten der Kohlenhydrate. Je nach deren chemischem Aufbau unterscheidet man Monosaccharide (Einfachzucker), wie Fruchtzucker und Traubenzucker, Oligosaccharide (zusammengesetzte Zucker), beispielsweise Rohrzucker, und Polysaccharide (Mehrfachzucker), vor allem Stärke, die als Speicherstoff in Getreidekörnern reichlich vertreten ist. Zu den Polysacchariden gehören auch die unter dem Begriff Rohfaser zusammengefaßten Verbindungen, wie Zellulose, Lignin, Cutin und Pectin, die in der Regel von Vögeln nicht verdaut werden können. Sie haben aber als Ballaststoffe einen Einfluß auf die Sekretion von Enzymen und den Weitertransport des Darminhalts. Kohlenhydrate, die nicht im Betriebsstoffwechsel verbraucht werden, werden als Glykogen in der Leber oder zu Fett umgewandelt in den Fettdepots gespeichert und bei Bedarf wieder abgebaut.

Fette stellen eine sehr kalorienreiche Nahrung dar, die pro Gramm mehr als die doppelte Energiemenge liefern als Kohlenhydrate. Die eigentliche biologische Bedeutung der Fette liegt darin, daß sie als Reservestoffe dienen und in geeigneten Körpergeweben gespeichert werden. In Zeiten des Nahrungsmangels werden sie wieder abgebaut. Wie wir oben gesehen haben, können Kohlenhydrate in Fette umgebildet werden. Allerdings gibt es daneben auch essentielle Fettsäuren (Linolsäure, Linolensäure und Arachidonsäure), die im Organismus nicht synthetisiert werden können und deren Mangel sich beim Säuger in Hautveränderungen, Störungen im Wasserhaushalt und Fortpflanzungsstörungen äußert. Es ist anzunehmen, daß dies in ähnlicher Weise für den Vogelorganismus zutrifft. Fette sind auch wichtig als Träger der fettlöslichen Vitamine, so daß ein gewisser Fettanteil in der Nahrung notwendig ist.

Außer einer ausreichenden Kalorien- und Proteinzufuhr ist der Organismus auf die Zufuhr gewisser Substanzen angewiesen, die er teils als Elektrolyte in den Körperflüssigkeiten, teils als lebenswichtige Wirkstoffe oder zur Synthese dieser Stoffe benötigt. Neben den bereits erwähnten essentiellen Aminosäuren und Fettsäuren müssen in meist sehr geringen, aber unbedingt notwendigen Mengen die sogenannten Vitamine und Mineralstoffe aufgenommen werden.

Vitamine

Vitamine sind für die Aufrechterhaltung der Lebensvorgänge, des Wachstums und der Fortpflanzung unentbehrlich. Sie haben katalytische Funktionen und sind Bestandteile von Coenzymen und verschiedenen Hormonen.

Mangel oder Fehlen eines bestimmten Vitamins führen zu mehr oder weniger charakteristischen Mangelkrankheiten. Manchmal ist auch nur ein Wachstumsstillstand zu beobachten. Bei vollständigem Fehlen eines Vitamins kommt es zu sogenannten Avitaminosen und unter Umständen zum Tod des Tieres. Hypervitaminosen, Erkrankungen also, die als Folge des Überangebotes eines bestimmten Vitamins auftreten, sind von einigen fettlöslichen Vitaminen (A, D) bekannt. Die Ursache ist fast immer eine falsche Dosierung bei einer Vitamintherapie. Durch falsche Fütterung können Hypervitaminosen im allgemeinen nicht hervorgerufen werden.

Im Gegensatz zu Avitaminosen, die bei einer einigermaßen abwechslungsreichen Fütterung nicht auftreten, sind

Hypovitaminosen, d. h. relative Mangelzustände, die bei einer nicht ausreichenden Versorgung mit Vitaminen entstehen, vergleichsweise häufig. Hypovitaminosen können auch dann auftreten, wenn zwar ausreichend Vitamine im Futter vorhanden sind, diese aber vom Vogel nicht aus dem Darm aufgenommen werden können, etwa bei Darmentzündungen.

Eine optimale, den Bedürfnissen des Individuums angepaßte Vitaminversorgung ist schwer zu erreichen, da zum einen der Bedarf der Vögel, zum anderen der Vitamingehalt des gereichten Futters nicht bekannt sind. Trotz einer vielseitigen Fütterung mit vitaminreichen Futtermitteln wie Keimfutter, Grünfutter, Obst, Beeren, Karotten und tierischer Nahrung ist es doch ratsam, den Vögeln hin und wieder ein synthetisches Multivitaminpräparat zu geben, vor allem während der Brutzeit und der Aufzucht von Jungtieren. Da Vögel, die viel Keimfutter und Obst erhalten, wenig trinken, tropft man die Vitamin-Emulsionen auf begehrte Nahrung, die von den Tieren sofort gefressen wird. Dadurch ist eine recht genaue Dosierung möglich und eine Überdosierung der speicherfähigen Vitamine leichter zu vermeiden.

Vitamine werden in „fettlösliche" und „wasserlösliche" eingeteilt. Diese Klassifizierung nach einer recht äußerlich erscheinenden Eigenschaft gibt einen Hinweis darauf, in welcher Art von Futtermitteln ein Vitamin in hoher Konzentration anzutreffen sein wird.

Die fettlöslichen Vitamine A, D, E und K können vom Organismus gespeichert werden, und bei vorübergehendem Mangel in der Nahrung werden diese Reserven dann mobilisiert. Bei zu reichlicher Zufuhr an synthetischen Vitaminen dieser Gruppe kann es aufgrund der Speicherfähigkeit zu Hypervitaminosen kommen.

Die wasserlöslichen Vitamine, B-Komplex und C, werden nicht gespeichert und müssen deshalb ständig ausreichend mit der Nahrung zugeführt werden. Ein Überangebot an wasserlöslichen Vitaminen wird über die Nieren mit dem Urin ausgeschieden, Hypervitaminosen sind deshalb nicht möglich.

Fettlösliche Vitamine

Vitamin A

Vitamin A besteht aus einer Gruppe chemisch verwandter Substanzen, die nur in Futtermitteln tierischer Herkunft vorkommen, wie in Leber, Lebertran, Eigelb oder Milch. In pflanzlicher Nahrung ist dagegen Provitamin A, das β-Carotin, enthalten, das im Körper in Vitamin A oder ein anderes Carotinoid umgewandelt wird. Carotine finden sich in grünen Pflanzenteilen, in vielen Früchten und in gelb oder orange gefärbten Pflanzenteilen, etwa der Karotte (woraus sich ihr Name ableitet). Unter den Körnern, die an Papageien verfüttert werden, enthält nur der Mais Carotine.

Vitamin A und Provitamin A werden durch Einwirkung von Licht (UV) und Sauerstoff zerstört. Bei der Lagerung von Futtermitteln sinkt der Gehalt daher sehr schnell.

Vitamin A wird in der Leber gespeichert, und diese Reserven werden mobilisiert, wenn die Nahrung nicht genügend Vitamin A oder β-Carotin enthält. Bei ausschließlicher Körnerfütterung sind die Reserven innerhalb von fünf bis acht Monaten aufgebraucht, bei Verabreichung von Grünfutter und gelegentlichen Gaben von Vitamintropfen erst nach Jahren (Zwart et al. 1979). Da der Vitamin-A-Mangel zu den häufigsten Erkrankungen der Papageien gehört (Rübel & Isenbügel 1985), muß der Vogelpfleger auf eine ausreichende Versorgung seiner Tiere achten und Vitamin A dem Futter beifügen.

Die Synonyme für Vitamin A wie Wachstumsvitamin, Epithelschutzvitamin oder Antiinfektionsvitamin machen das breite Wirkungsspektrum dieses Vitamins deutlich. Ein Mangel führt zu einer gestörten Embryonalentwicklung mit schlechten Schlupfergebnissen, bei frisch geschlüpften Vögeln zu vermindertem Wachstum und rauhem Gefieder. Es kommt zur Hemmung des Knochenwachstums, zur Störung der Bewegungskoordination und zu Augenveränderungen. Beim wachsenden und erwachsenen Tier zeigen sich bei Vitamin-A-Mangel Verhornungen und Veränderungen der Epithelien vor allem des Verdauungs- und Atmungssystems. Die Abwehrfähigkeit gegen Infektionen ist herabgesetzt, da die Epithelveränderungen zu feinen Läsionen führen, durch die Krankheitserreger eindringen können (Kolb 1979, Aeckerlein 1986, Mußler

1988). Sekundärinfektionen durch Pilze und Hefen sind möglich und häufig. Außerdem fördert eine Vitamin-A-Hypovitaminose durch Schädigungen der Nierenepithelien die Entstehung von Nierengicht.

Um die in Lebern von frisch importierten Papageien gemessenen hohen Vitamin-A-Werte bei Vögeln in Gefangenschaft zu erhalten, ist es nötig, neben einer an carotinhaltigem Futter reichen Diät Vitamin A in vergleichsweise hohen Dosen zu verabreichen. Rübel & Isenbügel (1985) empfehlen einen Zusatz von 6000 bis 8000 I.E. pro kg Futter als Dauergabe, Zwart et al. (1979) sogar von 10 000 I.E. pro kg Futter. Da Vitamin A gespeichert wird, kann man es auch in Form eines gelegentlichen und dann höher dosierten Vitaminstoßes geben. Die Speicherkapazität in der Leber ist auch vom Alter abhängig, Jungtiere können weniger speichern und müssen daher regelmäßig versorgt werden.

Vor überhöhten Gaben muß allerdings gewarnt werden, da ständige Überdosierungen über die oben angegebenen Werte hinaus zu Gesundheitsschäden bis hin zum Tod führen können (Aeckerlein 1986, Mußler 1988).

Vitamin D

Vitamin D, auch Calciferol oder antirachitisches Vitamin genannt, geht aus Sterinen, den Provitaminen, durch Ultraviolettbestrahlung hervor. Das Provitamin D_2, das Ergosterin, wird ausschließlich im Pflanzenreich gebildet. Provitamin D_3, das 7-Dehydrocholesterin, kommt als ständiger Begleiter (4–4,5 %) des Cholesterins in tierischen Materialien vor und wird in der Leber aus Cholesterin gebildet und in der Haut gespeichert. Unter Sonneneinstrahlung kann auf diese Weise die Haut zu einer ausreichenden Vitaminquelle werden (Wolburg 1972).

Beim Vogel hat Vitamin D_3, Cholecalciferol, eine etwa 20fach höhere Wirksamkeit als Vitamin D_2, Ergocalciferol (Kolb 1979). Einen hohen Gehalt an Vitamin D haben die Fischleberöle, Lebertran wurde deshalb früher zur Bekämpfung der Rachitis eingesetzt.

Vitamin D hat eine wichtige Funktion im Calcium- und Phosphat-Stoffwechsel. Es regelt die Aufnahme von Calcium aus dem Darm und die Rückresorption von Phosphat in der Niere und ist an der Verkalkung des Knochens beteiligt. Aufgrund der vielfältigen Funktionen des Calciums (siehe auch „Mineralstoffe"), macht sich ein Vitamin-D-Mangel vor allem beim wachsenden Vogel schnell als Rachitis, als Knochenweiche, bemerkbar, und es kommt zur Verkrümmung der Beine und des Brustbeins.

Tiere, die in Innenräumen aufwachsen, bei denen also Vitamin D_3 nicht durch Sonnenlicht in der Haut aktiviert werden kann, müssen über das Futter mit dem Vitamin versorgt werden. Für Vögel wird ein Bedarf von 500 bis 1000 I.E. pro kg Futter angegeben (Roche 1980).

Allerdings ist davon auszugehen, daß der Vitamin-D-Bedarf (wie auch der Bedarf an anderen Vitaminen) von Art zu Art und abhängig von Lebensalter und -situation der Vögel schwankt, so daß diese Angabe nur ein ungefährer Anhalt sein kann. Besonders empfindlich scheinen Graupapageien auf einen Vitamin-D-Mangel zu reagieren. Bei Jungtieren kurz vor und nach dem Ausfliegen fällt die sehr stark durchblutete, rosige Gesichtshaut auf. Die Aktivierung des Vitamins in der Haut scheint bei diesen Vögeln eine große Bedeutung zu haben. Fügt man der Nahrung kein Vitamin D zu, so kann es auch nach dem Ausfliegen zu Skelettdeformationen kommen. Bemerkt man, daß Jungvögel eine Schwäche in den Beinen zeigen, können sofortige Gaben eines Multivitaminpräparates mit hohem D-Anteil in der Regel helfen, den Mangel ohne bleibende Schäden zu überstehen, vorausgesetzt natürlich, die Nahrung enthält auch genügend Mineralstoffe.

Empfindlich auf einen Mangel reagieren auch Vogelweibchen während der Zeit der Eiablage. Zur Bildung der Eischale werden innerhalb kurzer Zeit große Mengen von Calcium benötigt, die nicht allein durch aus der Nahrung im Darm resorbierte Calciumionen bereitgestellt werden können. Der Vogel greift daher auf sein Körperskelett zurück, in dem sich hohe Calciumreserven befinden. In der Zeit zwischen den Gelegen werden die Verluste im Knochen durch mit dem Futter aufgenommenes Calcium wieder ausgeglichen. Da Vitamin D auch zur Mobilisierung dieser Reserven benötigt wird, führt deshalb während der Eiablage ein Mangel an diesem Vitamin, ebenso wie ein Mineralstoffdefizit, leicht zu einem Zusammenbruch des Calciumstoffwechsels, der äußerlich als „Lähmesyndrom" erkennbar ist (Lüthgen 1982). Das betroffene Tier hat Schwierigkeiten beim Laufen und Klettern, da die Beine in fortschreitendem Maße Lähmungserscheinungen zeigen.

Später können auch die Flügel betroffen sein, so daß der Vogel fast bewegungsunfähig ist.

Bemerkt man in entsprechender Situation erste Anzeichen einer beginnenden Lähmung, was bei Papageien als Höhlenbrütern und vor allem bei scheuen Tieren nicht immer einfach ist, können sofortige Gaben, am besten Injektionen, eines Vitaminpräparates mit hohem D-Anteil (z. B. Tricrescovit) zu einer Erholung innerhalb weniger Tage führen. Auch wenn die Vögel nun äußerlich gesund erscheinen, muß ihnen eine Ruhepause gegönnt werden, bevor sie erneut brüten dürfen, damit sich der Stoffwechsel stabilisieren kann.

Bei zu hoher Zufuhr von Vitamin D kommt es zu einer Hypervitaminose, bei der Calcium aus dem Knochen wieder mobilisiert wird.

Vitamin E

Vitamin E (Tocopherol) ist der Gruppenname für verschiedene nahe verwandte Tocopherole. Im allgemeinen wird aber unter Vitamin E das α-Tocopherol verstanden, das in der Gruppe die höchste biologische Wirksamkeit besitzt. Die Tocopherole sind in tierischen und pflanzlichen Materialien in unterschiedlichen Mengenverhältnissen weit verbreitet. Besonders reich an Vitamin E sind Getreidekeime, die meisten Ölsaaten und grüne Pflanzenteile. Im tierischen Organismus findet es sich in Leber, Milz, Pankreas, Nebenniere, Hypophyse und Abdominalfett.

Entdeckt wurde das Vitamin als Antisterilitätsfaktor bei weiblichen Ratten, ein Mangel führt zur Resorption der Feten beziehungsweise beim Männchen zur Hodenatrophie. Es wird daher auch als Antisterilitäts- oder Fertilitätsvitamin bezeichnet. Neben dieser Wirkung auf die Fortpflanzungsorgane beeinflußt Vitamin E eine große Zahl von Stoffwechselfunktionen, hat also wesentlich mehr Aufgaben als ursprünglich angenommen. Als Mangelsymptome treten unter anderem auch Muskelschwäche, Lähmungs- und Krampferscheinungen, Gehirnschäden, Stoffwechselstörungen und Schädigungen der Leber auf. Bei Vögeln ist die Schlupfrate vermindert. Bei einer abwechslungsreichen Ernährung, vor allem auch mit Keimfutter, sollte ein Vitamin-E-Mangel nicht auftreten.

Der Bedarf an Vitamin E wird für Geflügel, je nach Alter und Leistung, mit 20 bis 30 mg pro kg Futter angegeben (Roche 1980). Hypervitaminosen sind bisher nicht bekannt.

Vitamin K

Dieses Vitamin kommt als Vitamin K_1 in grünen Pflanzen und in Früchten (Tomaten, Hagebutten u. a.) vor, K_2 wird in gewissen Mengen auch von Bakterien im Darm synthetisiert.

Vitamin K ist an der Bildung von Prothrombin in der Leber beteiligt und hat somit einen Einfluß auf die Blutgerinnung. Ein Mangel, der sich in gestörter Blutgerinnung bei gesteigerter Blutungsneigung äußert, kann zum einen durch ungenügende Versorgung über die Nahrung, zum anderen durch lang dauernde Verabreichung von Antibiotika oder Sulfonamiden, die die Darmflora verändern beziehungsweise zerstören, hervorgerufen werden. Auch Leberschäden, absoluter Fettmangel im Futter oder ständiges Reichen von Kohlepräparaten können einen Mangel verursachen.

Feigenpapageien der Gattung *Psittaculirostris*, die sich im Freiland überwiegend von Feigen und anderen Früchten mit hohem natürlichem Vitamin-K-Gehalt ernähren, reagieren besonders empfindlich auf einen Vitamin-K-Mangel. Viele Tiere aus den Importen der letzten Jahre starben an inneren Blutungen, so daß besonders bei diesen Vögeln auf eine ausreichende Versorgung zu achten ist. Der tatsächliche Bedarf ist allerdings nicht bekannt.

Der Bedarf beim Hausgeflügel wird mit 1,5 bis 2,0 mg pro kg Futter angegeben (Roche 1980).

Wasserlösliche Vitamine

Vitamin-B-Komplex

Vitamine des B-Komplexes kommen in einem vielseitig zusammengesetzten Futter in ausreichenden Mengen vor, zumal auch ein Teil dieser Vitamine im Darm gebildet wird. Allerdings wird durch längeres Einfrieren oder

Lagern der Futtermittel der Vitamingehalt deutlich verringert. Da B-Vitamine nicht gespeichert werden, müssen sie ständig mit der Nahrung zugeführt werden. Darmstörungen (Durchfälle) oder ein Befall mit Darmparasiten können zu einer Beeinträchtigung des B-Haushaltes führen, die eine zusätzliche Versorgung des Vogels mit diesen Vitaminen nötig macht. Eine Überdosierung ist nicht möglich.

Die Vitamine des B-Komplexes sind als Coenzyme an zahlreichen Stoffwechselvorgängen beteiligt, eine Unterbilanz macht sich in allgemeiner Schwäche und Wachstumsstörungen bemerkbar.

Vitamin B_1 (Thiamin oder Aneurin) findet sich in Keimanlagen von Getreide und Reis, Hefe, Gemüse, Früchten, Nüssen, Hülsenfrüchten und Fleisch. Ein Mangel führt zu verminderter Futteraufnahme, Krämpfen und Lähmungen und zum Rückwärtsbiegen des Kopfes.

Vitamin B_2 (Riboflavin) ist in Hefe, Getreidekeimanlagen, Gemüse, Hülsenfrüchten, Käse und Fleisch enthalten. Eine Unterversorgung bedingt schlechtes Wachstum und ungenügende Befiederung, Nervendegenerationen, Lähmungen, Absterben der Embryonen und Zehenverkrümmungen bei Küken.

Nicotinsäure ist weit verbreitet und reichlich in Hefe, Körnerfrüchten, Früchten, Gemüse und tierischen Organen enthalten. Eine ungenügende Versorgung kann Ursache für Wachstumsstörungen und schlechte Befiederung und für Hautentzündungen sein.

Vitamin B_6 (Pyridoxin) kommt in Hefe, Getreide, Gemüse, Obst und tierischen Organen vor. Schon eine geringe Unterbilanz setzt die Schlupffähigkeit der Embryonen deutlich herab, weiterhin kommt es zu Störungen des Wachstums und zu Krämpfen.

Pantothensäure ist in geringer Konzentration sehr weit verbreitet, besonders in Hefe, Körnerfrüchten, Hülsenfrüchten, Obst und in tierischen Organen. Als Mangelsymptome werden Wachstumsdepressionen, Wuchsstörungen des Federkleides, Hautschäden und degenerative Veränderungen im Zentralnervensystem beschrieben.

Biotin (Vitamin H) ist in Hefe, Früchten, Gemüse, Getreide und tierischen Geweben enthalten. Es wird auch in gewissen Mengen von Mikroorganismen im Darm gebildet, so daß eine Behandlung des Vogels mit Antibiotika zu Mangelsituationen führen kann. Als Folge können Hauterkrankungen auftreten, und die Schlupffähigkeit der Embryonen kann herabgesetzt sein.

Folsäure findet sich in dunklen Blattgemüsen, Obst, Hülsenfrüchten, Getreide, Käse und Fleisch. Ein Teil der benötigten Folsäure wird im Darm auch durch Bakterien gebildet. Bei einem Defizit treten Wachstumsstörungen und Anämie durch zu wenig rote Blutkörperchen und ungenügenden Bestand an Hämoglobin auf. Es kann zu Farbstörungen der Federn, unvollständiger Befiederung und schlechter Entwicklung der Jungtiere kommen. Die Embryonensterblichkeit ist erhöht.

Vitamin B_{12} kommt nicht in höheren Pflanzen, dagegen in Fleisch und Käse vor. Es wird von zahlreichen Bakterienarten im Darm synthetisiert, trotzdem sollte man für einen ausreichenden Gehalt in der Nahrung sorgen, indem man genug tierisches Eiweiß anbietet. Ein Mangel zeigt sich in Wachstumsstörungen, Anämie, Fruchtbarkeitsstörungen, verminderter Schlupffähigkeit und erhöhter Sterblichkeit.

Vitamin C

Vitamin C (Ascorbinsäure) kann vom Organismus der Vögel wie von dem der meisten Säugetiere in der Leber und der Nebenniere aus Kohlenhydraten synthetisiert werden, so daß es der Definition nach eigentlich nicht zu den Vitaminen, sondern zu den Vitaminoiden gestellt werden muß. Allerdings reicht die Eigensynthese bei erhöhter Belastung des Organismus und Streßzuständen nicht immer zur Bedarfsdeckung aus, so daß dann eine Zugabe von Vitamin C notwendig ist. Als Mangelsymptome werden Schleimhautblutungen und erhöhte Anfälligkeit für Infektionen beschrieben.

Als am Zellstoffwechsel maßgeblich beteiligte Substanz kommt Vitamin C in allen lebenden Geweben vor, ergiebige Vitaminträger sind frische Früchte und grüne Pflanzen.

Mineralstoffe

Außer organischen Stoffen müssen dem Körper Mineralstoffe und Wasser zugeführt werden, da der Ablauf der Lebensvorgänge an eine bestimmte Konzentration der verschiedenen anorganischen Ionen in wäßriger Lösung gebunden ist und dem Organismus durch Kot- und Harnbildung ständig Wasser und Salze verlorengehen.

Diese anorganischen Substanzen haben eine wichtige Funktion im Wasserhaushalt durch ihren Einfluß auf den osmotischen Zelldruck und den Transport von Wasser zwischen den Zellen. Ferner sind Mineralstoffe wichtige Baustoffe und Bestandteile von Enzymen. Einige dieser Stoffe müssen in großer Menge zur Verfügung stehen, wie etwa Calcium, Phosphor und Magnesium, die für den Aufbau der Knochen, die gleichzeitig ein Reservoir für diese Mineralstoffe darstellen, nötig sind. Calcium ist daneben auch an der Erregungsübertragung im Nervensystem beteiligt, so daß sich ein Calciummangel unter anderem als Muskelschwäche bemerkbar machen kann. Bei Vögeln werden darüber hinaus zur Produktion der Eischale große Mengen dieses Minerals gebraucht.

Neben den anorganischen Substanzen, die in hoher Konzentration benötigt werden, den sogenannten Mengenelementen, gibt es eine Gruppe von Mineralstoffen, die nur in sehr kleinen Mengen dem Körper zugeführt werden müssen (Spurenelemente). In diese Gruppe gehören beispielsweise Jod, das für die Bildung der jodhaltigen Schilddrüsenhormone notwendig ist, und Eisen, das Bestandteil des Hämoglobins, des roten Blutfarbstoffes, ist.

Die vom Organismus benötigten anorganischen Substanzen sind zwar in der Nahrung enthalten, da wir aber den täglichen Bedarf unserer Pfleglinge an diesen Stoffen nicht kennen und besondere Situationen, wie Wachstum, Mauser und Eibildung, zu einer Bedarfssteigerung für bestimmte Mineralien führen, bieten wir den Vögeln eine Mineralstoffmischung zur freien Aufnahme an. Am besten eignen sich solche für Nutzgeflügel, wie Taubengritsteine. Fein gemahlene Mischungen können über das Keimfutter oder Obst gestreut werden. Manche Vogelhalter verwenden auch die Schalen von Hühnereiern. Allerdings liefern diese praktisch nur Calcium und kaum Spurenelemente und müssen außerdem durch Kochen oder ausreichend langes Erhitzen im Backofen steril gemacht werden, um eine Übertragung von Krankheitserregern wie Salmonellen zu verhindern.

Ernährung in Gefangenschaft

Die Arten der Gattungen *Eclectus, Tanygnathus* und *Psittinus* ernähren sich im Freiland soweit bekannt hauptsächlich von Früchten, Samen, Nüssen, Knospen und Nektar (Forshaw 1978; Bell 1982 a, 1984). Obwohl ich in der Literatur dazu keine Angaben finden konnte, gehe ich davon aus, daß die Vögel auch Insekten aufnehmen.

Bei *Eclectus* und *Tanygnathus* (für *Psittinus* fehlen Informationen weitgehend) fällt der ausgesprochen lange Darm auf (Smith 1975, 1979). Pflanzennahrung enthält oft eine große Menge kompliziert gebauter Kohlenhydrate, die schwer zu verdauen und aufzunehmen sind. Deshalb ist der Darm bei Pflanzenfressern in der Regel länger als bei Fleischfressern. Aber auch innerhalb der Ordnung der Papageienvögel treten erhebliche Unterschiede in der relativen Darmlänge auf: *Amazona*-Arten haben einen wesentlich kürzeren Darm als *Eclectus* (Smith 1975). Man darf deshalb vermuten, daß die Nahrung, die Edelpapageien im Freiland verzehren, schwerer verdaulich ist. Nach Holyoak (1973) haben früchtefressende Papageien einen langen Darm und einen relativ kleinen Kropf, wie die Edelpapageien. Diese Besonderheiten geben dem Vogelpfleger für die Zusammenstellung des Futters, das er seinen Papageien anbietet, wichtige Hinweise.

Sämereien

Ein Teil der Nahrung in Gefangenschaft besteht normalerweise aus Sämereien. Sie lassen sich grob in zwei Gruppen aufteilen: in kohlenhydratreiche und fettreiche Samen.

Die Saaten der ersten Gruppe haben neben einem hohen Kohlenhydratanteil, überwiegend in Form von Stärke, einen sehr geringen Fettanteil. Hierzu zählen die verschiedenen kultivierten Getreidearten, Buchweizen und Spitzsaat. Ebenfalls reich an Kohlenhydraten und arm an Fett, dabei mit einem relativ hohen Gehalt an Proteinen, sind Hülsenfrüchte (Bohnen, Erbsen, Linsen), die in letzter Zeit auch in der Ernährung der Papageien Verwendung finden.

Zu den fettreichen Samen, die meist auch einen relativ hohen Eiweißgehalt haben, gehören neben Sonnenblumenkernen, Kardisaat und Hanf die zu den Hülsenfrüchten zählenden Erdnüsse und Sojabohnen. Saaten aus dieser Gruppe dürfen, da sie sehr energiereich sind (pro Gramm Nahrung liefern Fette mehr als die doppelte Energiemenge als Kohlenhydrate), nur in begrenztem Maße verfüttert werden, da eine zu reichliche Aufnahme schnell zur Verfettung der Tiere führt. Kardisaat hat, im Gegensatz zur bei vielen Vogelpflegern verbreiteten Ansicht, einen prozentualen Fettgehalt, der fast dem von Sonnenblumenkernen entspricht, auch der Anteil von Kardi am Körnerfutter sollte also nicht zu hoch sein.

Nur Samen guter Qualität, die staubfrei und, bei Ölfrüchten, nicht ranzig sind, sollten an die Vögel verfüttert werden. Ein Kriterium für die Güte der Saaten ist unter anderem ihre Keimfähigkeit. Futter, das zu über 95 % keimt und dabei auch nicht schimmelt, kann bedenkenlos gereicht werden. Ein Vergleich zwischen der von verschiedenen Händlern gelieferten Ware lohnt sich!

Kohlenhydratreiche Samen (eiweißarm und fettarm). Energiegehalt und Nährstoff- und Mineralgehalt (Gewichts-%) (nach Holsheimer 1973, 1985 und Aeckerlein 1986).

	cal/g	Rohprotein	Rohfett	Rohfaser	übrige Kohlenhydrate	Calcium	Phosphor
Buchweizen	3030	11,5	2,4	10,8	57,8	0,11	0,33
Dari		10,1	2,9	2,7	64,5	0,03	0,42
Gerste	2690*)	10,9	2,0	5,1	66,5	0,08	0,33
Hafer	2580*)	10,4	4,9	10,4	59,7	0,09	0,33
Hafer, geschält	3490*)	13,9	8,0	1,5	64,2	0,09	0,41
Hirse	2930*)	11,1	3,7	8,9	59,8	0,03	0,32
Mais	3360*)	9,1	4,2	2,4	69,8	0,03	0,25
Milo	3240*)	10,2	3,2	2,0	69,6	0,03	0,27
Paddy-Reis	3095	7,1	2,1	10,0	64,1	0,06	0,21
Spitzsaat	3445	15,1	6,1	5,3	56,0	0,05	0,55
Weizen	3020*)	11,5	1,7	2,1	68,8	0,05	0,33

*) Von Vögeln umsetzbare Energie

Eiweißreiche Samen. Energiegehalt und Nährstoff- und Mineralgehalt (Gewichts-%) (nach Holsheimer 1973, 1985 und Aeckerlein 1986).

	cal/g	Rohprotein	Rohfett	Rohfaser	übrige Kohlenhydrate	Calcium	Phosphor
Ackerbohnen	2500*)	22,8	1,5	4,3	54,3	0,14	0,45
Erbsen	2500*)	22,7	1,2	6,3	52,2	0,08	0,41
Linsen	3245	25,3	1,6	3,9	52,0	0,06	0,30
Mungbohnen	3330	24,0	1,0	4,5	60,0	0,09	
Wicken	3130	24,8	1,6	7,2	49,7	0,18	0,51

*) Von Vögeln umsetzbare Energie

Fettreiche Samen. Energiegehalt und Nährstoff- und Mineralgehalt (Gewichts-%) (nach Holsheimer 1973, 1985 und Aeckerlein 1986).

	cal/g	Rohprotein	Rohfett	Rohfaser	übrige Kohlenhydrate	Calcium	Phosphor
Erdnüsse		25,2	36,4	17,4	12,4	0,15	0,42
Erdnüsse, enthülst	5090	29,1	45,2	2,9	13,4	0,10	0,42
Hanf	4500	19,5	32,1	16,9	18,0	0,81	0,76
Kardi	3835	14,3	27,8	31,2	16,5		
Leinsamen	3650*)	21,5	34,2	7,3	22,3	0,23	0,66
Negersaat	5290	20,7	42,2	13,5	13,1	0,43	0,65
Sojabohnen	2900*)	36,6	18,3	6,0	23,4	0,25	0,53
Sonnenblumenkerne	4085	14,9	29,8	26,9	17,5	0,18	0,45
Sonnenblumenkerne, enthülst	5840	27,7	45,2	3,6	13,1	0,18	0,74

*) Von Vögeln umsetzbare Energie

Da freilebende Papageien wahrscheinlich nur selten ausgereifte, trockene Samen aufnehmen wie das Körnerfutter, das ihnen in Gefangenschaft geboten wird, sondern halbreife, gequollene und gekeimte, sollte der Pfleger sich der (geringen) Mühe unterziehen und seinen Tieren Keimfutter reichen. Durch den Keimvorgang werden die im Samen enthaltenen Speicherkohlenhydrate (vorwiegend Stärke) in leicht resorbierbare Einfachzucker umgewandelt. Gleichzeitig steigt der Vitamingehalt und der Gehalt an ernährungsphysiologisch bedeutsamen Enzymen (Aeckerlein 1986).

Die Herstellung von Keimfutter ist denkbar einfach: Die Samen werden 24 Stunden gewässert, dabei nach 12 Stunden unter fließendem Wasser gut durchgespült. Dann schüttet man die Samen in ein Kunststoffsieb (Metallsiebe fangen bald an zu rosten), spült das Keimgut mit scharfem Wasserstrahl durch und läßt es bei Zimmertemperatur stehen. Es empfiehlt sich, das Futter während des Keimens nach 12 Stunden nochmals durchzuspülen und umzuschichten, da die oberste Lage leicht austrocknet. Nach insgesamt 48 Stunden sind die Keimspitzen durchgebrochen, und das Futter kann den Vögeln nach nochmaligem Durchspülen und Abtropfen gereicht werden.

Die Dauer des Keimvorganges ist in hohem Maße von der Raumtemperatur, aber auch von der Qualität des Saatgutes abhängig. Bei Samen, die langsam keimen, besteht viel eher die Gefahr, daß sich in dem feuchten Milieu Bakterien und vor allem Pilze vermehren. Das Futter wird schimmelig und darf dann auf keinen Fall verwendet werden. Überhaupt ist bei der Keimfutterherstellung peinlichste Sauberkeit erforderlich, sonst schlägt der gewünschte positive Effekt sehr schnell ins Gegenteil um. Keimgefäße und Siebe müssen nach jedem Gebrauch gründlich gereinigt werden. Alles Keimfutter, das die Vögel nach einem Tag nicht gefressen haben, wird weggeworfen.

Ein bewährtes Keimfutter, das den Vögeln das ganze Jahr über angeboten werden sollte, setzt sich wie folgt zusammen:

Je 1 Teil Weizen, Buchweizen, Dari, Milo, Kardi und Paddyreis, je ½ Teil Hülsenfrüchte (Mungbohnen, Erbsen, Linsen, Sojabohnen) und Mais und 2 Teile Sonnenblumenkerne.

Dazu erhalten die Papageien von Zeit zu Zeit halbreifen Mais in Kolben, der sich gut einfrieren läßt und somit das ganze Jahr über verfüttert werden kann.

Das vorstehend genannte Keimfutter läßt sich mit einer trockenen Samenmischung, bestehend aus verschiedenen Hirsesorten (Wellensittichfutter), Spitzsaat, Haferkernen und Paddyreis, ergänzen. Gern wird auch Kolbenhirse gefressen.

Obst und Grünfutter

Da sich die hier vorgestellten Papageienarten in der Natur zum überwiegenden Teil von Früchten ernähren – nach Bell (1984) fraßen die Edelpapageien in seinem Beobachtungsgebiet ausschließlich Früchte – sollte auch in Menschenobhut der größere Teil des Futters aus Obst, Beeren und Grünfutter bestehen. Angeboten werden können kultivierte Früchte wie Äpfel, Birnen, Steinobst, Beerenobst (besonders beliebt sind bei meinen Vögeln Stachelbeeren), Weintrauben, Bananen, Zitrusfrüchte und Karotten, Tomaten, Gurken, Salat und Gemüse (z. B. Broccoli, Paprikaschoten, frische Erbsen).

In großen Mengen und bevorzugt nehmen die Vögel Hagebutten und die Beeren von Eberesche, Feuerdorn, Weißdorn und Felsenbirne. Jeder Vogelpfleger sollte ausreichende Vorräte dieser Früchte einfrieren.

Vogelmiere kann fast das ganze Jahr über gesammelt werden. Blätter, Blüten und Samen werden gefressen, die Stiele durchgekaut und der Saft ausgepreßt, so daß zum Schluß nur ein vollkommen trockenes, helles, bohnenförmiges, faseriges Gebilde übrigbleibt, das die Vögel dann fallen lassen. Dies ist wohl das „Gewölle", das de Grahl (1974) bei seinen Edelpapageien beschreibt. (Als Gewölle bezeichnet man die aus unverdaulichen Nahrungsbestandteilen im Drüsenmagen mancher Vogelarten, wie Eulen und Eisvögel, zusammengepreßten Ballen, die ausgespien werden.)

Bankowitsch (1988) beschreibt die Vorliebe seiner Edelpapageien für Knoblauch. Einmal in der Woche erhalten seine Tiere ein Gemisch aus Gemüse, Knoblauch und Kräutern, das restlos aufgefressen wird und sicher eine wertvolle Abwechslung in der Ernährung darstellt. Werden die Vögel im Haus gehalten, sollte man aber bedenken, daß die Verfütterung von Knoblauch bei ihnen dieselbe Geruchsbelästigung hervorruft wie beim Menschen!

Eine Vielzahl von Grünfutterpflanzen kann in der Natur gesucht werden. Eine gute Übersicht, was alles als preiswertes und zugleich wertvolles Futter genutzt werden kann, bietet Sabel (1967). Pflanzen dürfen allerdings nur von Flächen genommen werden, auf denen keine Schädlings- und Unkrautbekämpfungsmittel eingesetzt werden. Gekauftes Grünfutter sollte aus dem gleichen Grunde sorgfältig gewaschen und Obst nach Möglichkeit geschält werden, um eventuell anhaftende Rückstände zu entfernen.

Regelmäßig erhalten die Papageien frische Zweige zum Benagen. Dabei werden zum einen die vitaminreichen Knospen aufgenommen, zum anderen schälen die Vögel die Rinde ab und gewinnen dabei zusätzlich Nährstoffe und Mineralien. Ein weiterer positiver Effekt ist die Beschäftigung und Abwechslung, die die Tiere beim Zernagen der Äste finden. Besonders beliebt sind Weiden-, Pappel-, Weißdorn- und Obstbaumzweige.

Futter tierischer Herkunft

Papageien nehmen im Freiland neben pflanzlicher auch tierische Nahrung zu sich. Bei einigen Arten konnte man das Fangen von Lebendfutter beobachten: Südamerikanische Schmalschnabelsittiche *(Brotogeris* sp.*)* fressen Wasserschnecken, Rabenkakadus *(Calyptorhynchus* sp.*)* verzehren große Mengen von Larven holzbohrender Insekten (Arndt 1986). Bei anderen Arten, bei denen man die Aufnahme von Wirbellosen bisher nicht direkt nachweisen konnte, stellt der Befall mit Bandwürmern, der häufiger bei frisch importierten Tieren zu beobachten ist, einen indirekten Nachweis dar. Bandwürmer benötigen für ihre Entwicklung Zwischenwirte, beispielsweise Insekten, die dann vom Endwirt gefressen werden. Der Endwirt kann nicht durch die Aufnahme eines Bandwurmeies infiziert werden.

Tierisches Eiweiß hat eine höhere biologische Wertigkeit als pflanzliches Eiweiß, die darauf beruht, daß das animalische Protein einen hohen Gehalt an essentiellen Aminosäuren hat. Besonders während der Jungenaufzucht ist deshalb bei Vögeln, die sich sonst überwiegend vegetarisch ernähren, oft eine Änderung der Freßgewohnheiten festzustellen. Sie nehmen dann zeitweise mehr oder weniger große Mengen von Insekten und anderen wirbellosen Tieren auf.

In Gefangenschaft kann man Papageien als entsprechenden Ersatz ein Weichfutter für Insektenfresser oder Aufzuchtfutter anbieten. Manche Vögel verzehren auch mit Genuß Mehlkäferlarven. Da Papageien die Mehlkäferlarven ausquetschen und die Chitinhülle ohnehin nicht mitfressen, sind Warnungen vor durch Chitin verursachten Schädigungen (Diefenbach 1982) unbegründet. Hunde- oder Katzenfertigfutter wird ebenfalls oft angenommen.

Meine Edelpapageien sind geradezu gierig nach Hartkäse, und mit ebensolcher Begeisterung wird ein Gemisch aus geschälter Hirse und durchgedrehtem rohem Rinderherz gefressen. Die geschälte Hirse, die im Reformhaus erhältlich ist, wird nur wenige Minuten lang gekocht bis die Körnchen gerade aufplatzen. Kocht man zu lange, wird die Hirse breiig und von den Vögeln nicht mehr gern genommen. Da das Fleisch schnell verdirbt, darf nur die Menge verfüttert werden, die praktisch sofort gefressen wird. Pinter (1979) weist darauf hin, daß es bei übermäßigem Genuß von Käse zur Ausfällung und Zusammenballung von Kasein in Kropf und Drüsenmagen kommen kann, was dann schwere Verdauungsstörungen hervorruft. Ich hatte allerdings noch nie Probleme beim Verfüttern von Käse.

Viele Vogelpfleger setzen Hühnerei als Eiweißlieferanten ein. Das Ei, das alle Nährstoffe für den heranwachsenden Embryo enthält, ist reich an Proteinen, Mineralstoffen und Vitaminen, vor allem Vitamin A und D, und das Eigelb außerdem an Fetten. Eier dürfen aber in jedem Fall nur hartgekocht verfüttert werden, um zum einen eine Übertragung von Krankheitserregern, vor allem Salmonellen, zu verhindern. Zum anderen kann das in rohem Eiweiß enthaltene Avidin zumindest beim Geflügel eine Biotin-Avitaminose hervorrufen (Aeckerlein 1986). Darüber hinaus dürfen auch nur geringe Mengen beigefüttert werden, da es sonst zu Schädigungen infolge einer Eiweißvergiftung kommen kann.

Fütterung während der Jungenaufzucht

Werden die Papageien abwechslungsreich mit Obst, Beeren, Grün- und Keimfutter ernährt, erübrigt sich eine besondere Fütterung während der Aufzucht. Allerdings muß auf eine ausreichende Versorgung mit tierischem Eiweiß geachtet werden, da der Bedarf (sicher individuell verschieden) während des raschen Wachstums der Jungen erhöht ist.

Sehr deutlich wies mich mein Edelpapageienweibchen auf den erhöhten Proteinbedarf hin: Während einer Brut, bei der drei Jungtiere aufwuchsen, fing es an, die Küken zu rupfen, nachdem es in vorangegangenen Bruten die Jungen problemlos aufgezogen hatte. Die vermehrte Gabe von tierischem Eiweiß in Form von Hartkäse und durchgedrehtem Rinderherz führte zu einem sofortigen Einstellen des Rupfens. Gleiche Erfahrungen konnten auch andere Züchter machen. Mit Sicherheit ist nicht immer Proteinmangel die Ursache für das Rupfen der Jungtiere, nur läßt sich dieser Faktor durch eine bedarfsgerechte Fütterung ausschließen.

Um dem größeren Bedarf während der Wachstumsphase der Jungen Rechnung zu tragen, mischt man Mineralstoffe und ein Multivitaminpräparat in entsprechend erhöhter Dosierung unter das Weichfutter.

Pflege

Gefiederpflege

In ihren Ursprungsländern baden alle Vertreter der in diesem Buch besprochenen Gattungen im Regen, der in reichem Maße und in der feuchteren Jahreszeit nahezu täglich fällt. Trotz der ausgiebigen Gefiederpflege, die längere Zeit des Tages in Anspruch nimmt, sind die Vögel in Gefangenschaft darauf angewiesen, daß ihr Federkleid regelmäßig durchfeuchtet wird, es wird sonst glanzlos und struppig. Vögel in Freivolieren können im warmen Sommerregen baden. Beim Bau von Innenvolieren sollte man, wenn irgend möglich, eine Sprinkleranlage installieren. Andernfalls muß man die Papageien in regelmäßigen Abständen (etwa einmal wöchentlich), wie das bei der Haltung in Zimmervolieren oder Käfigen auch erforderlich ist, mit einer Blumenspritze mit lauwarmem Wasser einsprühen. Nach anfänglicher Scheu genießen die Tiere solche Duschbäder: Mit geöffneten Flügeln und gefächertem Schwanz, häufig kopfunter am Gitter hängend, lassen sie sich so lange „beregnen", bis das Gefieder vollkommen durchnäßt ist. Die grünen Federn der Edelpapageienmännchen erscheinen dann fast braun, und die Vögel sind oft nur noch eingeschränkt flugfähig. Anschließend putzen die Tiere das Gefieder ausgiebig trocken. Selbstverständlich muß auf eine ausreichend hohe Raumtemperatur geachtet werden, da die durchnäßten Papageien sich sonst erkälten können. Auch sollte das Brausen so zeitig am Tag vorgenommen werden, daß das Gefieder bis zum Beginn der Nacht wieder trocken ist. Edelpapageien, die wahre Badefanatiker sind, zeigen eine interessante, offenbar angeborene Reaktion: Schaltet man einen Staubsauger ein, dann zeigen auch junge, unerfahrene Tiere als Antwort auf das von dem Gerät erzeugte Geräusch, das an einen Regensturm erinnern mag, Badeverhalten. Mit aufgestelltem Gefieder, gefächertem Schwanz und ausgebreiteten Flügeln drehen und wenden sie sich. Werden sie dann nicht besprüht, fangen sie häufig an, im Wassernapf zu baden.

Schneiden von Krallen und Schnabel

Bei Papageien, die ausreichend Bewegungs- und Nagemöglichkeiten haben, genügt die natürliche Abnutzung, um Schnabel und Krallen in Form zu halten. Auch läßt sich dem Zulangwerden der Krallen vorbeugen, indem man möglichst rauhe und vor allem unterschiedlich und ausreichend dicke Sitzäste verwendet.

Wachsen die Krallen aber trotzdem überlang, besteht die Gefahr, daß der Vogel im Gitter hängen bleibt und sich verletzt. In diesem Fall müssen sie rechtzeitig beschnitten werden, entweder mit einer Nagel- oder einer Krallenzange, wie man sie zum Kürzen von Hundekrallen benutzt. Das Tier wird dazu am zweckmäßigsten von einer zweiten Person fixiert, damit unkontrollierte Bewegungen und daraus folgende Verletzungen vermieden werden. Man darf die Kralle nur so weit kürzen, daß die blutführenden Gefäße nicht angeschnitten werden. Bei kleineren Arten, die hornfarbene Krallen haben, kann man die Adern im Gegenlicht erkennen. Bei größeren Arten und solchen mit dunklen Krallen muß man nach Gefühl vorgehen, lieber schneidet man etwas weniger zurück. Kommt es aber doch einmal zu Blutungen, versucht man, sie mit Eisenchloridwatte zu stillen.

Haben Ober- und Unterschnabel eine normale Stellung zueinander, kann im allgemeinen allenfalls der Oberschnabel zu lang wachsen, da die Unterschnabelschneide durch die Feilkerbenfläche des Oberschnabels ausreichend abgerieben wird. Zur Korrektur des Oberschnabelhorns verwendet man eine Nagelzange. Der Kopf des Vogels muß gut fixiert werden, und auch hier muß man vorsichtig vorgehen, um die Blutgefäße im Schnabel nicht zu verletzen. Am besten kürzt man den Oberschnabel nach und nach ein, um zu verhindern, daß das teilweise sehr harte Hornmaterial splittert oder sich spaltet. Falls erforderlich, glättet man anschließend Spitze und Ränder mit einer Feile.

Ist das überlange Wachstum nur Folge fehlender Abnutzung, kann man durch eine Verbesserung der Haltungsbedingungen, vor allem durch Anbieten von ausreichend Nagegelegenheit und -material, weitere Korrekturen vermeiden. Anders sieht es aus, wenn es etwa aufgrund von Verletzungen zu Defekten kommt, so daß Teile des Schnabels fehlen. Dann bleibt nur übrig, diesen regelmäßig zu kontrollieren und gegebenenfalls den Schnabel zu beschneiden.

Krankheiten

Jeder, der über einen längeren Zeitraum hin Vögel pflegt, wird auch bei sauberer Haltung und guter Fütterung früher oder später mit der Erkrankung eines seiner Tiere konfrontiert. Leider haben die wenigsten Vogelhalter das Glück, einen in der Behandlung von Vögeln erfahrenen und kompetenten Tierarzt in ihrer Nähe zu finden. Sehr viele niedergelassene Tierärzte sind restlos überfordert, und es gibt genügend Beispiele für krasse Fehlbehandlungen. Deshalb sollte man frühzeitig Kontakt zu einem Spezialisten aufnehmen und zum Wohl seiner Schützlinge auch längere Anfahrtswege nicht scheuen.

Eine Besprechung des sehr umfangreichen Themenkomplexes „Vogelkrankheiten" würde den Rahmen dieses Buches sprengen, und eine knappe Abhandlung einiger weniger Erkrankungen ist nicht sehr hilfreich. Deshalb soll hier darauf verzichtet werden. Vielmehr sei auf die Spezialliteratur verwiesen, deren sinnvolle Benutzung allerdings einige Vorkenntnisse und Erfahrungen voraussetzt. Empfehlen kann man die einschlägigen Abhandlungen von Kronberger (1973), Ebert (1984) und Grabisch & Zwart (1985). Einige wenige allgemeine Hinweise seien aber doch gegeben.

Nicht unterschätzt werden dürfen die Erfahrungen, die manche Vogelpfleger im Lauf der Zeit bei der Behandlung ihrer Vögel gesammelt haben. Diese Erfahrungen, positive wie negative, sollten unbedingt an andere Züchter weitergegeben werden. Leider hat man manchmal allerdings den Eindruck, daß nach dem Motto verfahren wird: „Warum soll der andere Erfolg haben, wenn ich Mißerfolg hatte". Da diese Einstellung nur auf dem Rücken der Tiere ausgetragen wird, möchte ich hiermit ausdrücklich an die Hilfsbereitschaft aller Vogelhalter appellieren.

Längst nicht jede Erkrankung wird durch Bakterien verursacht, und nur dann ist der Einsatz von Antibiotika angezeigt. Liegt allerdings eine bakterielle Infektion vor, Anzeichen dafür sind oft ein plötzliches Auftreten und ein rasches Fortschreiten der Erkrankung sowie eine schnelle Übertragung auf andere Vögel, muß unverzüglich mit einer Therapie begonnen werden. Vor allem bei kleineren Vogelarten darf man nicht, wie oftmals empfohlen, das Ergebnis einer Kotprobenuntersuchung abwarten, das sowieso nur sehr begrenzt aussagefähig sein kann.

In vielen Fällen ist eine Erkrankung Folge von nicht adäquater Ernährung. Derartige Krankheiten treten praktisch niemals plötzlich ein, sondern beginnen eher schleichend. Besondere Bedeutung kommt in diesem Zusammenhang den Hypovitaminosen zu, vor allem dem Mangel an Vitamin A (siehe dazu Kapitel Ernährung).

Ist trotz aller Bemühungen ein Vogel gestorben, sollte man ihn von einem Fachmann sezieren und, wenn möglich, die Todesursache feststellen lassen, um eventuellen Risiken für die anderen Vögel des Bestandes vorbeugen zu können. Nur so auch kann man für spätere Fälle dazulernen und vielleicht vorhandene Haltungs- oder auch Behandlungsfehler in Zukunft vermeiden.

Fortpflanzung

Im vergangenen und auch noch lange Zeit in diesem Jahrhundert wurden Tiere hauptsächlich wegen ihres Schauwertes gehalten. Sowohl in Zoologischen Gärten als auch in Privathand pflegte man einzelne Individuen einer Art, unabhängig davon, ob es sich um solitär oder sozial lebende Formen handelte. Starb ein Tier, wurde es nach Möglichkeit durch einen Artgenossen ersetzt. Die Kenntnisse über das Freileben waren äußerst lückenhaft, daher versorgte man seine Pfleglinge mit heute zum Teil abenteuerlich anmutenden Diäten, mit dem Erfolg, daß die Überlebensdauer nur sehr gering war. Da aber die Populationsreserven unerschöpflich schienen, wurden wieder und wieder Tiere der Natur entnommen. Im Lauf der Zeit wuchs das Wissen über die Biologie vieler Tierarten, so daß auch die Haltungsbedingungen verbessert werden konnten und es häufiger zu Zuchterfolgen in Menschenobhut kam. Viele Erkenntnisse, die wir heute über das Fortpflanzungsverhalten und die Jugendentwicklung besitzen, wurden durch Beobachtung von Tieren in Gefangenschaft gewonnen.

In unseren Tagen sind viele Arten aufgrund der Zerstörung ihres Lebensraumes in ihrem Bestand bedroht. Wo keine Nahrungspflanze mehr wächst und kein Brutbaum mehr steht, haben höhlenbrütende Vögel auch keine Überlebenschance. Einige Länder haben den Handel mit Tieren eingeschränkt oder weitgehend unterbunden. Die Ausfuhr aus Australien ist praktisch vollständig untersagt, und in Indonesien sind einige Tierarten per Gesetz geschützt und dürfen weder bejagt noch gehandelt werden. So sind die indonesischen Unterarten des Edelpapageis eigentlich seit 1972 und der Müllers Edelpapagei seit 1979 geschützt (van Strien 1982) und sollten demzufolge auch nicht mehr nach Europa importiert werden. Wenn wir also weiterhin diese Vögel in unseren Volieren pflegen wollen, müssen wir die Voraussetzungen schaffen, um den Tieren Brut und Jungenaufzucht zu ermöglichen. Aber auch unabhängig davon, ob eine Art gefährdet ist oder nicht, sollte jeder Halter bestrebt sein, möglichst viel über die von ihm gepflegten Tiere zu erfahren. Ein wesentlicher Bereich in deren Leben ist nun einmal die Fortpflanzung.

Steuerung des Brutverhaltens

Bisher liegen für die in diesem Buch beschriebenen Arten nur sehr wenige Brutnachweise aus dem Freiland vor. Fast zu jeder Jahreszeit sind Nester mit Eiern oder Jungtieren gefunden worden, allerdings scheinen sich die Bruten während der trockeneren Saison (April – Ende November) zu häufen. Schwankungen in der Temperatur (siehe Kapitel Lebensraum) und Unterschiede in der Tageslänge sind in den tropischen Heimatländern zu gering, um das Fortpflanzungsverhalten zu steuern (z. B. Aru-Inseln, 7° südlicher Breite: Unterschied zwischen kürzestem und längstem Tag eines Jahres ca. 47 Minuten). Bei unseren einheimischen Vögeln dagegen wirkt die zunehmende Tageslänge stimulierend. Wahrscheinlich wird die Fortpflanzung bei tropischen Arten oft über das Nahrungsangebot reguliert. Da wir aber keine Informationen über die Futterzusammensetzung und schon gar nicht über deren jahreszeitliche Änderungen haben, ist es nicht möglich, in Gefangenschaft einen solchen Wechsel nachzuahmen.

Auf die äußeren Haltungsbedingungen wie Temperatur, Luftfeuchtigkeit, Beleuchtung und Fütterung bin ich schon weiter vorn eingegangen, wobei in bezug auf die Brutbereitschaft dem Faktor Ernährung, wie erläutert, sicher die größte Bedeutung zukommt. Da sich Edelpapageien, Großschnabelpapageien und Rotachselpapageien in ihrer Heimat das ganze Jahr über wahrscheinlich vorwiegend von Früchten ernähren, sollten wir auch das ganze Jahr über Früchte und Keimfutter reichen, so daß das Futter als Regelfaktor wegfällt.

Dagegen kann man durch das Anbieten oder Entfernen einer Nisthöhle das Brutverhalten beeinflussen. Bei Edelpapageien, nur sie pflanzen sich in unseren Volieren bisher regelmäßig fort, sollte man nach zwei, spätestens drei Bruten die Höhle entfernen, um vor allem dem Weibchen, das durch die Eiproduktion stark beansprucht wird, eine Pause zu gönnen. Andernfalls wird erfahrungsgemäß gerade von dieser Art, wenn sie einmal zu brüten angefangen hat, eine Brut nach der anderen in kurzem Abstand getätigt, was über kurz oder lang zur Erschöpfung der Elterntiere und zu entsprechenden Verlusten führt.

Nistkasten und Nistmaterial

Alle Papageienarten, von ganz wenigen Ausnahmen abgesehen, sind Höhlenbrüter, die ihre Eier vorwiegend in Baumhöhlen legen. Da im Freiland nicht beliebig viele Höhlen vorhanden sind, herrscht eine starke Konkurrenz um die Nistplätze. Jedes Vogelpaar kann aber nur in einer

Queensland-Edelpapageienweibchen ***(Eclectus roratus macgillivrayi)*** **im Eingang seiner Bruthöhle.**

solchen Höhle erfolgreich brüten, die es auch gegenüber anderen Paaren, arteigenen oder artfremden, verteidigen kann. Deshalb sind die Bruthöhlen im Freiland relativ klein, da eine größere meist auch von einer größeren Art beansprucht wird.

Die in Gefangenschaft angebotenen Nistkästen sind dagegen in der Regel weitaus größer als die, in denen die Vögel im Freiland brüten. Meist sind die Papageien aber offenbar nicht sehr wählerisch, so daß auch diese bezogen werden. Es gibt jedoch Berichte, nach denen Paare erst dann zur Brut schritten, nachdem ihnen ein ausreichend enger Brutstamm angeboten wurde, der vermutlich dem Sicherheitsbedürfnis der Tiere besser entsprach. Aufgrund dieser Erfahrung ist es durchaus sinnvoll, wenn ein ansonsten kräftiges und gesundes Paar auf Dauer keinerlei Interesse an der angebotenen Nisthöhle zeigt, hier etwas zu experimentieren. Nisthöhlenweite und -tiefe, der Anbringungsort und die -höhe und die Beleuchtung des Einschlupfloches – manche Arten bevorzugen es, wenn der Höhleneingang im Schatten liegt, andere wollen, daß er vom Licht beschienen wird, oft spielt das auch gar keine Rolle – sind Variablen, die man überlegt verändern kann.

Für Edelpapageien eignen sich Höhlen mit einem Innendurchmesser von 25 cm, einer Höhe von 60 cm und einem Schlupfloch von 10 cm Durchmesser. Ob man einen Naturstamm oder einen gezimmerten Kasten anbietet, hängt vom persönlichen Geschmack und auch von den Platzverhältnissen ab, die Vögel akzeptieren in der Regel beide. Wichtig ist vor allem, daß man die Höhle schnell und ohne längeres Hantieren öffnen kann, möglichst ohne die Anlage betreten zu müssen, um notfalls Gelege oder Jungtiere kontrollieren zu können. Im unteren Kastendrittel sollte deshalb eine ausreichend große Kontrolltür eingebaut werden.

Ausdrücklich warnen möchte ich davor, Krampen als Aussteighilfe an der Innenwand der Nisthöhle anzubringen. Die Tiere können sich mit den Füßen darin verfangen, und es kann zu schweren Verletzungen kommen. Generell sind Aussteighilfen vollkommen überflüssig, wenn die Kästen in einer vernünftigen Größe (Weite) gewählt werden, so daß die Jungtiere auch ihre Flügel zum Abstützen an den Wänden einsetzen können, was bei sehr großen und dazu sehr tiefen Bruthöhlen schwierig sein kann.

Da die meisten Papageienarten kein Nistmaterial eintragen, bedeckt man, um zu verhindern, daß Eier und Junge auf dem harten Nestboden liegen, diesen mit einer dicken Schicht Holzmulm, den man im Wald in großen Mengen sammeln kann. Dieses verrottete Holz ist in meinen Augen die ideale Einstreu, da es der Nestunterlage im Freiland entspricht. Zudem ist dieses Material ausgesprochen saugfähig, so daß die Küken, deren Kot nicht von den Eltern entfernt wird, immer sauber und trocken sitzen. Bei Verwendung dieser Einstreu ist selbst bei Loris, die große Mengen recht flüssiger Ausscheidungen produzieren, die bei Verwendung von Hobelspänen regelmäßig erforderliche Reinigung während der Aufzucht nicht notwendig.

Die in der Liebhaberliteratur oft vertretene Ansicht, daß Papageien keine Einstreu im Nistkasten dulden, da sie diese hinauswerfen, beruht auf einer Fehlinterpretation des beobachteten Verhaltens. So, wie die Vögel im Freiland durch Benagen und Scharren die natürlichen Baumhöhlen bearbeiten und vorbereiten, tun sie das auch in Gefangenschaft. Diese Bewegungsabläufe sind angeboren und fester Bestandteil des vor der Eiablage gezeigten Verhaltens. Auch auf vollkommen glatter Unterlage wird gescharrt. In den in freier Natur als Nistplatz gewählten morschen Bäumen stoßen die Vögel eben nicht auf harten, trockenen Untergrund, sondern unter dem Höhlenboden befindet sich immer noch mehr oder weniger morsches Holz. Für den Züchter bedeutet das, daß er die herausgescharrte Einstreu durch neue ersetzen muß.

Einige Tage vor Ablage des ersten Eies hören die Tiere auf zu scharren. Man kann nun beobachten, daß die sonst mit tiefen Grabemulden versehene Unterlage eingeebnet und nicht mehr wesentlich umgeschichtet wird.

Halmahera-Edelpapageienweibchen *(Eclectus roratus vosmaeri)* mit etwa drei Wochen alten Jungtieren. Aussteighilfen im Nistkasten sind normalerweise überflüssig, Krampen, wie hier zu sehen, sogar ausgesprochen gefährlich, da sich die Jungen mit den Füßen darin verfangen und sich verletzen können.

Zusammenstellung eines Paares

Bei den meisten hier vorgestellten Arten lassen sich zum Glück die Geschlechter sicher unterscheiden, so daß zumindest das Zusammenbringen von Männchen und Weibchen kein Problem darstellt. (In Zweifelsfällen kann eine endoskopische Geschlechtsbestimmung durch einen kompetenten Tierarzt vorgenommen werden.) Ob allerdings aus diesen beiden ein Paar oder gar ein Brutpaar wird, muß sich dann zeigen. In vielen Fällen arrangieren sich die zwangsverpaarten Tiere und schreiten sogar zur Fortpflanzung. Hat man allerdings die Möglichkeit, eine kleine Gruppe von Vögeln zusammen zu halten und den Tieren die freie Partnerwahl zu gestatten, finden sich eher harmonierende Paare. Läßt man junge Vögel gemeinsam aufwachsen, vertragen sie sich in der Regel auch noch nach Eintreten der Geschlechtsreife. Die Wahrscheinlichkeit, daß diese Tiere erfolgreich brüten, ist relativ groß.

Harmonieren zwei Papageien aber auch nach längerer Zeit nicht oder wird der Unterlegene ständig gejagt, ist man gezwungen, einen Vogel auszutauschen, bevor es zu ernsthaften Verletzungen kommt. Der neue Partner wird nicht sofort in die Voliere gesetzt, sondern man gibt den Tieren die Gelegenheit, sich durch ein Gitter getrennt kennenzulernen. Bevor man die Tiere dann zusammenbringt, nimmt man den bisherigen Bewohner für einige Tage aus der Voliere und setzt den neuen Vogel ein, um ihm die Möglichkeit zu geben, sich in der fremden Umgebung zurechtzufinden. Gerade für die Paarzusammenstellung ist es vorteilhaft, wenn sich das Gehege mit einer herausnehmbaren Gittertrennwand unterteilen läßt. Man kann die Tiere dann, ohne sie fangen oder umsetzen zu müssen, zusammenfliegen lassen und sie notfalls auch schnell wieder trennen.

Bei einem Paar, das wirklich gut harmoniert, spielt die Art der Unterbringung und in gewissen Grenzen sogar die der Fütterung oft eine eher untergeordnete Rolle. Solche Tiere ziehen ihre Jungen allen widrigen Umständen zum Trotz erfolgreich auf. Allerdings sollte man diese Erfahrung nicht zum Anlaß nehmen, seinen Pfleglingen die bestmögliche Unterbringung und Ernährung vorzuenthalten.

Stellt man ein Paar zusammen, sollte man unbedingt darauf achten, daß die Partner derselben Unterart angehören. Hier wird vor allem bei Edelpapageien oft gesündigt. Obwohl ursprünglich genügend Individuen der verschiedenen Unterarten im Land waren, soweit sie überhaupt importiert wurden, sind häufig unwissentlich oder aus Gleichgültigkeit Vertreter verschiedener Unterarten miteinander verpaart worden. Auch nachdem dies erkannt war, blieben die erfolgreich brütenden gemischten Paare meist zusammen, so daß viele der in unseren Volieren gepflegten Edelpapageien (und auch Nachzuchten anderer Papageienarten) Kreuzungen zweier Unterarten sind. Da der Reiz in der Haltung der Edelpapageien gerade auch in der Vielzahl deutlich unterscheidbarer Unterarten liegt, sollten wir alles tun, um zu vermeiden, daß wir eines Tages nur noch einen „Einheitsedelpapagei" pflegen können, einmal abgesehen davon, daß das auch dem Gedanken des Artenschutzes widerspricht.

Geschlechtsreife

Angaben über das Alter, in dem die Vögel erstmals zur Fortpflanzung schreiten, liegen nur für Edelpapageien vor. Das jüngste, erfolgreich brütende Paar, das mir bekannt ist, war 21 Monate (Weibchen) und 23 Monate (Männchen) alt. Die meisten Vögel sind mit etwa 3 Jahren geschlechtsreif, manche sogar erst mit 4 oder 5 Jahren.

Balzverhalten und Brut

Bei Papageien der Neuen Welt oder auch bei Kakadus bleiben verpaarte Tiere für lange Zeit, wahrscheinlich zeitlebens zusammen. Auch wenn sich außerhalb der Brutzeit die Tiere zu größeren Gruppen zusammenschließen, kann man die Paare am Verhalten der Partner zueinander erkennen: Sie halten eine enge und ständige Verbindung aufrecht, gehen gemeinsam auf Nahrungssuche und ruhen gemeinsam, zeigen häufig soziale Gefiederpflege und bei vielen Arten auch Partnerfüttern. Diese Papageien sind ausgesprochene Kontakttiere, und die Partner eines Paares sind gleichberechtigt. Ein Schwarm setzt sich nicht aus Individuen, sondern aus kleinen „Einheiten" zusammen, die von einem Paar oder von einem Paar mit seinen Nachkommen gebildet werden (Smith 1975, Forshaw 1978).

Ganz anders ist die Situation bei Vertretern der Gattungen *Eclectus, Tanygnathus, Psittinus* und einiger verwandter Gattungen, beispielsweise *Psittacula* (Edelsittiche), *Geoffroyus* (Buntkopfpapageien) und *Prioniturus* (Spatelschwanzpapageien), die eine ausgeprägte Individualdistanz einhalten und bei denen die Weibchen in der Regel gegenüber den Männchen deutlich dominant sind (Smith 1975). Wollen diese Arten erfolgreich brüten, müssen die unterlegenen Männchen ihre Furcht vor den Weibchen überwinden, da die Individualdistanz während der Brutzeit immer wieder unterschritten werden muß. Bei der Kopulation ist das Männchen sogar der dominante Partner, da es auf den Rücken des sich duckenden Weibchens steigt. Diese Änderung der Dominanzverhältnisse – das Weibchen muß gleichzeitig sein überlegenes Verhalten aufgeben und submissives Verhalten zeigen – wird durch ausgeprägtes Balzverhalten erreicht, bei dem das Männchen aktiv und das Weibchen passiv ist. Je nach Art kann man folgende Bewegungsweisen beobachten: Das Männchen verbeugt sich oder richtet sich steil auf, es führt Sprünge aus, es schlägt mit den Flügeln, läßt sie leicht hängen oder hebt sie an, dreht seinen Körper, spreizt die Schwanzfedern und verengt die Pupille (Smith 1979). Die Verhaltensweisen, die eine Art bei der Balz zeigt, werden oft durch eine auffallende Gefiederfärbung unterstrichen: Die Männchen, die die Flügel hängen lassen, haben lebhaft gefärbte Flügeldecken (z. B. Blauscheitelpapagei, Smith 1984), die, die ihre Flügel anheben, auffallend gefärbte Unterflügeldecken (z. B. Edelpapagei).

Während der Balzzeit können die Vögel auch gegenseitige Gefiederpflege betreiben, die allerdings auf den Kopfbereich beschränkt ist und sehr oberflächlich erscheint. Sie ist nicht zu vergleichen mit der hingebungsvollen und keinen Bereich des Körpers ausschließenden Gefiederpflege, der sich vor allem Kakadu- oder Arapaare widmen.

Partnerfüttern während der Balz hat eine aggressionshemmende Wirkung und dient der Herstellung und Bekräftigung der Paarbindung. Das Weibchen bettelt in geduckter Haltung das Männchen an, das mit oft übertriebenen Bewegungen Futter hochwürgt. Während der Bebrütung eines Geleges und zu Beginn der Jungenaufzucht übernimmt das Männchen dann die Versorgung des Weibchens mit Nahrung.

Zur Kopulation steigen die Männchen der Altweltpapageien mit beiden Füßen auf den Rücken der Weibchen. Bei den Neuweltpapageien sitzen die kopulierenden Paare nebeneinander, und das Männchen greift mit einem Fuß in das Rücken- oder manchmal auch Flankengefieder des Weibchens, während es mit dem anderen Fuß den Sitzast umklammert.

Die Auswahl und die Bearbeitung der Bruthöhle sind Aufgabe der Weibchen. Im Gegensatz zu Kakadus oder Neuweltpapageien zeigen die Männchen der hier besprochenen Arten kein deutliches Interesse an den Nistkästen.

Ein Halmahera-Edelpapageienmännchen *(Eclectus roratus vosmaeri)* füttert sein brütendes Weibchen.

Von Edelpapageien besetzte Bruthöhle im Stamm einer Kokospalme.

Im Freiland ist die Anzahl geeigneter Baumhöhlen begrenzt, und die Vögel konkurrieren um diese Brutplätze. Ein Weibchen, das eine bestimmte Höhle beziehen möchte, findet diese daher unter Umständen bereits besetzt. Außerdem kann sich in ihr ein Feind verborgen halten. Daher wird ein Vogel in eine Höhle, die er erstmals anfliegt, nie sofort einschlüpfen. Aufschlußreiche Beobachtungen konnte ich bei einem Edelpapageienweibchen während der ersten Fortpflanzungszyklen durchführen: Sobald der Nistkasten angebracht war, erregte das dunkle Einschlupfloch das Interesse des Vogels. Hoch aufgerichtet und mit langgestrecktem Hals näherte sich das Weibchen der Höhle und verharrte in einer Entfernung von etwa 50 cm auf dem zum Kasten führenden Ast. Intensiv beäugte es für längere Zeit den Eingang und näherte sich ihm schließlich Schritt für Schritt, immer wieder Pausen einlegend. Vor der Höhle angekommen, inspizierte es in höchster Anspannung, teilweise auf „Zehenspitzen" stehend, das Loch, ohne den Kopf in den Kasten zu stecken. Dann klopfte es mit dem Schnabel an die Höhlenwand und sprang danach augenblicklich vom Kasten weg, um aus sicherer Entfernung den Eingang zu beobachten. Anschließend näherte es sich wieder langsam der Höhle. Dieser Vorgang wiederholte sich mehrfach, bevor das Weibchen erstmals den Kopf durch das Loch steckte. Es verging noch einige Zeit vorsichtigen Beobachtens, ehe der Vogel zunächst teilweise, dann ganz einschlüpfte und zu scharren begann. Vom ersten Beäugen bis zu diesem Zeitpunkt waren fast 3 Stunden verstrichen.

Das beschriebene Verhalten wurde auch dann gezeigt, wenn die Nisthöhle zwischen zwei Bruten nur kurz entfernt wurde, um sie zu reinigen. In späteren Jahren reduzierte sich der gesamte Ablauf auf vorsichtiges Nähern und Beobachten, das Anklopfen und Zurückspringen trat nicht mehr auf.

Die Weibchen, manchmal auch die Männchen, schlafen häufig schon während der Balzzeit nachts in der Höhle. Meist zwei bis drei Wochen nach Beginn der Balz wird das erste der rein-weißen Eier gelegt. Allein die Weibchen brüten, in der Regel von der Ablage des ersten Eies an. Während dieser Zeit verlassen sie nur selten das Nest, da sie vom Partner mit Nahrung versorgt werden. Sie setzen dann große Mengen meist recht weichen und häufig stark übelriechenden Kotes ab.

Während der Brutzeit und vor allem zum Zeitpunkt des Schlupfes muß auf eine ausreichend hohe Luftfeuchtigkeit im Zuchtraum geachtet werden. Ist sie zu niedrig, verdunstet zu viel Wasser aus dem Ei. Die fertig entwickelten Küken können nicht schlüpfen, da sie an den zähen inneren Eihäuten festkleben und sich nicht im Ei drehen können, um mit dem Eizahn Löcher ringförmig in die Schale zu drücken. Für Edelpapageien hat sich eine relative Luftfeuchte von 65 %, die einige Tage vor dem Schlupftermin auf 70 bis 75 % erhöht wird, als ausreichend erwiesen. Am einfachsten erreicht man die nötige Feuchtigkeit, indem man einen elektrischen Luftbefeuchter einsetzt, der sich, von einem Hygrostaten geregelt, automatisch einschaltet, wenn der vorgegebene Wert unterschritten wird.

Genauso wie eine zu niedrige Luftfeuchtigkeit den Schlupf eines Kükens verhindern kann, kann auch eine zu hohe Luftfeuchte dazu führen, daß ein fertig entwickelter Jungvogel im Ei stirbt. Während der Bebrütung wird aufgrund der Verdunstung von Wasser die Luftblase am stumpfen Pol des Eies langsam größer. Einige Zeit (bis zu 3 Tage) vor dem Schlupf durchstößt der Embryo mit dem Schnabel die Membranen, die ihn von der Luftblase trennen, und beginnt mit der Lungenatmung. Die Hauptzufuhr von Sauerstoff erfolgt zwar immer noch wie vorher über ein spezielles Membransystem, die Allantois, das aber dann zunehmend zurückgebildet wird. Ist die Luftblase zu klein, weil die Luftfeuchtigkeit im Zuchtraum oder im Nistkasten zu hoch war, kann der Embryo letztendlich im Ei ersticken.

Sobald die Eischale angepickt ist, verfügt das Küken über genügend Frischluft, und die Lungen nehmen ihre Arbeit auf. Jetzt kann man die Jungen bereits laut im Ei piepsen hören. Vom ersten Anpicken bis zum Ausschlüpfen vergehen mehrere Stunden, manchmal sogar Tage.

Wer sich für die Entwicklungsvorgänge interessiert, die während der Bebrütung im Ei ablaufen, dem können besonders zwei Abhandlungen empfohlen werden. In leicht verständlicher Form, da für ältere Kinder und Jugendliche bestimmt, beschreibt Flanagan (1981) die Entwicklung der Vögel am Beispiel eines Hühnerkükens. Umfassender und mit Beispielen aus dem gesamten Tierreich setzt sich Burton (1988) mit dem Themenkomplex Fortpflanzung auseinander.

Die Papageienküken der Arten, bei denen in der Regel vom ersten Ei an gebrütet wird, schlüpfen nacheinander, und zwar ungefähr im Abstand der Eiablage. Meist kann man aber feststellen, daß das erste Ei sich etwas langsamer entwickelt hat als das zweite oder dritte, da die Weibchen anfangs lockerer brüten. Haut und Hornstrukturen der Neugeborenen, deren Augenlider noch geschlossen sind, sind unpigmentiert. Die Küken sind nahezu nackt mit einigen wenigen, haarähnlichen Dunen (Edelpapageien), oder sie tragen ein sehr schütteres, kurzes Dunenkleid (Blauscheitelpapagei, Smith 1984). Da sie ihre Körpertemperatur zunächst noch nicht aufrechterhalten können, müssen sie in der ersten Zeit vom Weibchen gewärmt werden. Ist mehr als ein Jungtier im Nest, rücken die Küken zu einer sogenannten Wärmepyramide zusammen, und eines legt meist den Kopf über die Schulter des Gegenübersitzenden. Auf diese Weise wird der Wärmeverlust des einzelnen Jungvogels verringert.

Zumindest frischgeschlüpfte Edelpapageien können sofort den Kopf heben, und sie betteln recht lautstark um Futter. Anfangs werden die Küken in der Regel nur vom Weibchen gefüttert, das wiederum die Nahrung vom Männchen erhält. Da wenigstens in den ersten Tagen die Nahrung offenbar aus dem Drüsenmagen hochgewürgt wird, ist das Futter, das die Nestlinge erhalten, sehr weit vorverdaut (Näheres dazu siehe Kapitel Handaufzucht). Die Jungen nehmen schnell an Körpermasse zu.

Nach 5 bis 6 Tagen schimmern die Federanlagen des zweiten Dunenkleides durch die Haut, das dicht ist und die Küken im Alter von 2 bis 3 Wochen ganz einhüllt. Bei 7 bis 9 Tage alten Tieren beginnt die Pigmentierung von Hornteilen und Haut. Die Augen sind nach etwa 12 Tagen schlitzartig geöffnet. Die Konturfedern durchstoßen ein wenig später die Haut, und bei 3 bis 4 Wochen alten Nestlingen brechen am Kopf und auf den Flügeln die ersten Kiele auf. Ab dann kann man bei Edelpapageien bereits das Geschlecht an der Gefiederfarbe erkennen.

Nach ungefähr zwei Dritteln der Nestlingszeit haben die Küken ihr Höchstgewicht erreicht, danach nehmen sie bis zum Flüggewerden wieder etwas ab. Nach dem Verlassen der Bruthöhle (Rotachselpapageien nach 5 Wochen, Großschnabel- und Edelpapageien nach 8 bis 10 Wochen) werden die Jungtiere noch einige Zeit von den Eltern gefüttert. Sie fangen aber manchmal schon 2 oder 3 Tage nach dem Ausfliegen an, selbständig zu fressen.

Gerade flügge Vögel sind in ihren Bewegungen noch recht ungeschickt und sitzen meist ruhig auf dem Ast. In dieser Zeit versuchen die Männchen häufig, die Jungtiere zu besteigen, und zwar unabhängig von deren Geschlecht. Offenbar wirkt die leicht geduckte und passive Haltung als Auslöser.

Die kleinen Papageien sollten so lange wie möglich bei den Eltern bleiben. Kommt es aber zu einer weiteren Brut, muß die Familie genau beobachtet werden, damit bei Angriffen der Altvögel die Jungen sofort abgetrennt werden können.

Kunstbrut und Handaufzucht

In einzelnen Fällen werden die Küken von den Altvögeln nicht gefüttert, oder die Eltern stellen nach einiger Zeit die Versorgung der Jungen ein. Als Ursache hierfür kommen Unerfahrenheit der (noch relativ jungen) Elternvögel, Störungen, beispielsweise durch (zu häufige) Nistkastenkontrollen, den Altvögeln oder den Jungen nicht zusagendes Futter, aber auch (eventuell angeborene) Erkrankungen der Jungtiere in Frage. Der Pfleger muß entscheiden, ob er in solchen Fällen eine Handaufzucht versuchen möchte oder, sofern er die Möglichkeit hat, die Küken Ammenvögeln zur Betreuung übergibt. Es ist erstaunlich, wie bereitwillig manche Papageien auch Pflegekinder annehmen, die nicht einmal zur selben Gattung gehören. Mir ist berichtet worden, daß Edelpapageien einen jungen Ara zumindest vier Wochen lang fütterten.

Natürlich können Eier, die nicht bebrütet werden, auch in einem Brutapparat zur Entwicklung gebracht werden. Als notwendige Bruttemperatur werden 36,9 °C (Stoodley & Stoodley 1983) bis 37,5 °C (Low 1987) angegeben. Die beiden ersten Autoren empfehlen eine relative Luftfeuchtigkeit von 50 %, die, haben die Küken das Ei angepickt, auf 80 % erhöht wird. Während der Brutzeit müssen die Eier mehrmals täglich um jeweils etwa 180° gewendet werden, und zwar einmal in Hin-, das nächste Mal in Rückrichtung. Man kennzeichnet deshalb die Eier mit je zwei Pfeilen, die in entgegengesetzte Richtungen zeigen. Näheres zur Kunstbrut und der Aufzucht von Papageien vom Schlupf an ist bei Stoodley & Stoodley (1983) zu finden.

Handaufzucht und Ammenaufzucht sind allerdings nicht unproblematisch, vor allem, wenn nur ein Küken zu versorgen ist: Die Jungtiere sind häufig fehlgeprägt und für eine spätere Verpaarung mit einem Artgenossen nicht geeignet, oder das Fortpflanzungsverhalten ist gestört und der Bruterfolg beeinträchtigt.

Dies ist zum einen aus Gefangenschaftsbeobachtungen bekannt (Preiss & Franck 1974, Myers et al. 1988), zum anderen beschreiben Rowley & Chapman (1986) ein wie ich meine besonders eindrucksvolles Beispiel von westaustralischen Kakadus im Freiland. Rosa- und Inkakakadus kommen in weiten Teilen Australiens sympatrisch vor und brüten zur selben Zeit des Jahres in Baumhöhlen ähnlicher Größe. Da beide Arten erst nach der Ablage des dritten Eies mit dem Brüten beginnen und die ersten Eier häufig unbewacht sind, kann es vorkommen, daß je ein Paar die Eier in dieselbe Höhle legt. Kommt es mit dem Brutbeginn zur Konfrontation, unterliegt gewöhnlich der kleinere Rosakakadu im Kampf um die Höhle, und die Inkakakadus bebrüten das gemischte Gelege. Rowley und Chapman beobachteten zwei solcher Nester, in denen neben Inkakakadus jeweils ein Rosakakadu aufgezogen wurde, deren Entwicklung sie über zwei beziehungsweise vier Jahre registrieren konnten. Die jungen Rosakakadus waren, obwohl sie nach dem Ausfliegen Kontakt mit Artgenossen hatten, offenbar irreversibel auf die Art ihrer Zieheltern, auf Inkakakadus, geprägt. Sie schlossen sich nur diesen an und wichen den eigenen Artgenossen aus.

Dieses Verhalten ließ sich auch nach Eintreten der Geschlechtsreife beobachten, so daß nicht nur eine soziale, sondern auch eine sexuelle Prägung auf die Art der Ammen vorlag. Die Rosakakadus flogen nicht nur zusammen mit den Inkakakadus, sie lernten auch eine Reihe von deren Verhaltensweisen, so den charakteristischen Flug, die Rufe und das Nutzen eines wesentlich größeren Nahrungsspektrums.

Solche von Inkakakadus aufgezogene Rosakakadus sind wahrscheinlich auch für die im Freiland beobachteten Hybriden zwischen diesen beiden Arten verantwortlich.

Mir ist natürlich bekannt, daß sich selbst einzeln handaufgezogene Papageien mit Artgenossen verpaart haben, man muß die Jungtiere aber möglichst früh, spätestens nach dem Selbständigwerden, mit Individuen der eigenen Art in Kontakt bringen, um das Risiko einer Fehlprägung so gering wie möglich zu halten.

Die Handaufzucht sollte sich aus den genannten Gründen auf wirkliche Notsituationen beschränken. Vor allem in den USA, teilweise auch in England, werden dagegen, um eine möglichst große Anzahl zahmer Papageien zu erhalten, die zu entsprechend hohen Preisen verkauft werden können, ohne sonstigen zwingenden Grund schon die Eier den Altvögeln zur künstlichen Bebrütung weggenommen und die Küken von Hand aufgezogen. Auf diese Weise lassen sich die Papageien in der Regel zu Nachgelegen stimulieren, und man kann von einem Paar zwei bis drei Gelege erzielen, während, ließe man die ersten Eier im Nest, in derselben Zeit nur eine Brut erfolgte. Hier werden ganz massive wirtschaftliche Interessen deutlich. Stoodley (1986) sagt in konsequenter Weiterführung dieser Einstellung, daß jeder Papagei, der bei ihm in zwei aufeinanderfolgenden Jahren bei der Fortpflanzung versagt, d. h. nicht legt beziehungsweise nicht befruchtet, als „überflüssiger Ballast“ verkauft wird. Solche gewerbsmäßige Handaufzucht ist entschieden abzulehnen.

Es gibt durchaus Situationen, in denen ein Papageienküken nur überlebt, wenn der Pfleger eingreift und die weitere Versorgung übernimmt. Bevor man sich allerdings zu einer Handaufzucht entschließt, muß man sich darüber im klaren sein, ob man die für die Betreuung notwendige Zeit zur Verfügung hat und aufzubringen bereit ist. Bei frisch geschlüpften Vögeln bedeutet das, daß man, je nach Art, bis zu 12 oder 13 Wochen mit der Aufzucht beschäftigt ist.

Von der Fütterungstechnik her ist es nicht schwierig, Papageien vom Ei an aufzuziehen, problematisch ist dagegen die Versorgung der Kleinen mit Futter, das sie verwerten können. Das hängt damit zusammen, daß die Küken in den ersten Tagen von ihren Eltern mit sehr weit vorverdauter Nahrung versorgt werden. Papageien bilden, auch wenn man fast überall Gegenteiliges liest, **keine** Kropfmilch.

Niethammer (1933) hat in einer ausführlichen anatomisch-histologischen Arbeit über die Kropfbildung bei Vögeln auch Wellensittiche untersucht. Im Gegensatz zu Tauben, die ihre Jungen mit Kropfmilch füttern, die aus ins Kropflumen abgestoßenen fetthaltigen Zellen und Zellverbänden des Kropfepithels besteht, fand er bei Wellensittichen im Vergleich von nichtbrütenden Tieren zu solchen, bei denen aus einem Fünfer-Gelege zwei Junge geschlüpft und bereits gefüttert waren, am Kropf sowohl äußerlich als auch im Aufbau der Kropfwand keine Unterschiede. Allerdings wich der Kropfinhalt der fütternden Vögel (Männchen und Weibchen) insofern ab, als zu dem Körnerkonglomerat, das man außerhalb der Brutzeit im Sittichkropf findet, ein dünnflüssiger Nahrungsbrei hinzukam. Die mikroskopische Untersuchung zeigte, daß es sich bei diesem Brei um Zell- und Gewebetrümmer pflanzlicher Herkunft handelte. Im Kropf der Jungen waren keine Körner, wohl aber diese stark zerkleinerten pflanzlichen Gewebereste vorhanden, ein Zeichen dafür, daß die Küken in den ersten Tagen nur mit diesem dünnflüssigen Brei gefüttert werden. Dem Kropf des Wellensittichs fehlen Drüsen, und seine Hauptaufgabe liegt in einer Erweichung der Nahrung. So dürfte der Brei auch kaum im Kropf selbst entstanden sein, sondern wurde wohl aus dem Magen hochgewürgt. Schnitte durch den Drüsenmagen zeigten, daß er einen Speisebrei enthielt, der vollkommen mit dem histologischen Aussehen des verfütterten Nahrungsbreis übereinstimmte. Zumindest bei Wellensittichen findet in den ersten Lebenstagen also eine Fütterung aus dem Magen statt.

Wenn man weiter berücksichtigt, daß zunächst das Männchen sein Weibchen mit aus dem Drüsenmagen hochgewürgter Nahrung versorgt und dann erst das Weibchen an die Jungen Futterbrei aus dem Magen übergibt, kann man sich vorstellen, daß dieser schon weit aufgeschlossen ist. Dies zu imitieren ist schwierig. Ein Vergleich der Entwicklung der Körpermasse von durch die Eltern aufgezogenen Jungtieren zu solchen aus Handaufzuchten zeigt, daß letztere in den ersten 10 bis 12 Tagen kaum zunehmen (siehe auch Low 1987). So wog bei mir ein 8 Tage alter Edelpapagei aus einer Naturbrut 96 g, ein gleich altes Tier aus der Handaufzucht 22 g.

Auf verschiedene Weise wurde versucht, das Aufzuchtfutter für die Küken besser verwertbar zu machen, allerdings bisher mit höchstens bescheidenen Erfolgen: Es wird beispielsweise gut durchgekaut und mit Speichel versetzt (Bock, mündl. Mitt.), oder der Nahrung werden Enzyme (z. B. Pankreon®) beigefügt und die Mischung dann eventuell noch zusätzlich eine halbe Stunde vor dem Verfüttern bei 37 °C inkubiert.

Fangen die Jungen erst einmal deutlich an zuzunehmen, was meist ab dem achten bis zehnten Lebenstag der Fall ist, läuft die Entwicklung ungefähr gleich der von Tieren aus einer Naturbrut ab, jedoch mit der erwähnten Verzögerung.

Roudybush & Grau (1986) führten Versuche zur Zusammensetzung des Aufzuchtfutters für Nymphensittiche durch. In mehreren Versuchsreihen kamen sie zu dem Ergebnis, daß die Vögel am besten gediehen, wenn der Proteingehalt der festen Nahrungsbestandteile 20 % betrug und der Feuchtigkeitsgehalt in den ersten vier Tagen nach dem Schlupf 93 %, danach bis zum Selbständigwerden 70 %.

Das Futter, mit dem Frau Aeckerlein (mündl. Mitt.) Aras vom Schlupf an aufgezogen hat, setzt sich folgendermaßen zusammen: ⅓ gekochter Haferschleim-Weizenkeimbrei, in den heißen Brei wird etwas rohes Eigelb eingerührt, und ⅔ Alete-6-Kornflocken werden mit Alete-Fruchtsaft und heißem Wasser zu einem anfangs dünnflüssigen, später dickeren Brei angerührt. Zugefügt werden ein wenig Amynin® (Aminosäure-Elektrolyt-Lösung), Mineralstoffe, ein Multivitaminpräparat und Nortase® (Enzympräparat), außerdem einmal wöchentlich 1 Tropfen Vitamin D_3 (z. B. D-Mulsin®).

Nach 7 Tagen wird der Brei entweder durch zerdrückte Banane oder durch geriebenen Apfel, nach 10 Tagen außerdem durch gemahlene Körner ergänzt. Nach 14 Tagen entfällt der Zusatz von Nortase®.

Ab dem Alter von 3 Wochen erhalten die Küken einen gekochten Grießbrei, der sich aus Hartweizengrieß, Vollwertgrieß, Maisgrieß, Haferschleim und Weizenkeimen zusammensetzt und dem die oben genannten Zusätze beigefügt werden.

Mit diesem Futter wuchsen die kleinen Aras mit der für Handaufzuchten typischen anfänglichen Verzögerung gut heran, allerdings war die Gewichtszunahme auch dann noch geringer als bei von ihren Eltern aufgezogenen Tieren. Eine wesentliche Verbesserung der Wachstumsrate erzielte Frau Aeckerlein durch die Gabe von EAS-Perlen® (Essentielle Aminosäuren). Frisch geschlüpfte Aras erhielten 6 Perlen pro Tag. Nach 12 Tagen wurden 10 EAS-Perlen, nach 3 Wochen 12 Perlen und nach 4 Wochen 16 Perlen täglich jedem Vogel gefüttert. Die folgende Tabelle macht den Einfluß der essentiellen Aminosäuren deutlich.

	ohne EAS-Perlen	mit EAS-Perlen
1. Tag	24 g	28 g
1. Woche	40 g	44 g
2. Woche	74 g	110 g
3. Woche	165 g	315 g
4. Woche	310 g	570 g
5. Woche	550 g	820 g
6. Woche	750 g	960 g
7. Woche	895 g	1050 g
8. Woche	995 g	1040 g
9. Woche	1050 g	1020 g

Ein anderes Rezept, mit dem Küken verschiedener Papageienarten aufgezogen wurden, geben Eckstein & Eckstein

(1989) an. Die Basis für ihre Mischung ist pelletiertes Futter für Krallenaffen. Die Pellets werden gemahlen und in den ersten Lebenstagen der Vögel gesiebt, um zu große Bestandteile im Futter zu vermeiden. Für bis zu 10 Tage alte Küken wird von einer Trockenmischung aus 40 g Krallenaffenfutter und 2,5 g Pankreon® für Kinder (Enzympräparat), die im Kühlschrank aufgehoben wird, für jede Fütterung eine kleine Menge entnommen, mit kaltem Kümmeltee angerührt und im Wasserbad erwärmt. Da das Pelletfutter Mineralstoffe und Vitamine enthält, müssen diese dem Aufzuchtfutter nicht zusätzlich beigefügt werden. Ab dem 4. Lebenstag der Papageien wird der Nahrung etwas zerdrückte Banane oder geriebener Apfel beigegeben.

Vom 10. Tag an wird der Zusatz von Enzymen gestrichen. Es werden nun ⅔ Krallenaffenfutter, ⅓ geschälte und gemahlene Sonnenblumenkerne und Apfel oder Banane mit Kümmeltee verrührt. Ab dem 14. Tag werden der Kümmeltee durch gekochtes Wasser ersetzt und die gemahlenen Pellets nicht mehr gesiebt. Diese Diät wird bis zum Flüggewerden beibehalten.

In den ersten Lebenstagen werden die Jungtiere zwischen 6 und 23 Uhr alle zwei Stunden gefüttert, nachts wenigstens einmal gegen 3 Uhr. Auch Papageieneltern füttern nachts! Mit zunehmendem Alter werden die Abstände zwischen den Fütterungen größer, sehr bald kann die Versorgung nachts entfallen.

Zum Füttern benutzt man entweder eine Einmalspritze, von deren Öffnung die Küken den Brei bereitwillig abnehmen, oder man kann vom ersten Tag an einen seitlich aufgebogenen Löffel verwenden, von dessen Spitze das Futter genommen wird. Da die Nahrung nur akzeptiert wird, wenn sie recht warm ist, d. h. etwa 40 °C hat, hat die Spritze den Vorteil, daß darin der Brei in warmem Wasser einfacher auf diese Temperatur gebracht werden kann. Auf keinen Fall sollte man das Futter mit einem Schlauch direkt in den Kropf spritzen, eine Methode, die zwar häufig angewendet wird, bei frisch geschlüpften Vögeln aber sowieso kaum eingesetzt werden kann. Zum einen besteht bei dieser Sondenfütterung immer die Gefahr, daß Futter versehentlich in die Luftröhre gespritzt wird, was unweigerlich den Tod des Vogels zur Folge hat, zum anderen kann die dauernde mechanische Reizung der Speiseröhre durch den Schlauch über kurz oder lang auch zu Verletzungen führen. Außerdem ist es schon mehr als einmal vorgekommen, daß der Schlauch von der Spritze abgerutscht und im Kropf verschwunden ist. Häufig gelang es nicht, den Schlauch herauszumassieren, und nicht immer ist er nach einiger Zeit mit dem Kot abgesetzt worden. Ein Pfleger, der sich zur Handaufzucht entschließt, sollte auch die Zeit aufbringen und den Jungen das selbständige Schlucken ermöglichen, zumal gesunde Küken fast gierig fressen.

Frisch geschlüpfte Küken müssen bei einer Temperatur zwischen 33 °C und 35 °C gehalten werden, für manche (kleineren) Arten muß die Temperatur noch höher sein (Neff, mündl. Mitt.). Ist es den Kleinen zu warm, dann werden sie unruhig, streben auseinander, und im Extremfall fangen sie an zu hecheln. Wählt man die Temperatur zu niedrig, werden sie lethargisch, vor allem wird die Nahrung nur langsam verdaut und der Kropf zwischen zwei Fütterungen nicht geleert. Eine neue Fütterung sollte aber in der Regel erst erfolgen, wenn der Kropf vollkommen leer ist.

In der ersten Zeit, in der die Vögel noch bei höheren Temperaturen gehalten werden, muß man darauf achten, daß sie nicht zu viel Wasser durch Verdunstung verlieren und austrocknen. Steht kein spezieller Aufzuchtkasten mit Feuchtigkeitsregler zur Verfügung – die relative Luftfeuchte sollte etwa 55 % betragen – kann man die Tiere in den von Stoodley & Stoodley (1983) beschriebenen Behältern unterbringen, die aus drei runden Margarinebechern zusammengesetzt werden. Der Becher, in dem die Küken sitzen, hat am Boden eine größere Anzahl Löcher und eine Einlage aus Papiertüchern, über denen ein Stück rauher Stoff liegt, der den Füßen Halt gibt. Der zweite Becher hat ebenfalls Löcher im Boden und wird als Deckel auf den ersten Becher aufgesetzt. Um ein Abrutschen zu verhindern, wird ein Teil des Randes dieses zweiten Bechers abgeschnitten, so daß der Deckel im Rand des ersten Bechers steht. Der dritte Becher enthält einige Lagen feuchter Papiertücher. Der Nestbehälter (Becher 1 und 2) wird in den dritten Becher gestellt, und die Küken sitzen in einer feuchten Kammer, die ein Austrocknen verhindert. Sauberkeit ist oberstes Gebot: Bei jeder Fütterung werden die Tücher, auf denen die Jungen sitzen, erneuert, und man benötigt einen zweiten Satz Becher, um die Behälter regelmäßig sorgfältig reinigen zu können.

Mit zunehmender Körpermasse werden die Temperatur schrittweise bis auf Zimmertemperatur erniedrigt und die

Anzahl der Fütterungen verringert. Die Jungen sollten dann in Behältern untergebracht werden, die mit einer dicken Schicht aus zerkleinertem Holzmulm oder Hobelspänen (Kleintierstreu) ausgelegt sind, damit sie mit ihren Füßen greifen können und Zehenverkrümmungen vermieden werden. Bei Edelpapageien, nach Low (1987) auch bei Aras, muß man allerdings auf Späne verzichten und sie bis zum Flüggewerden auf Tüchern halten, da manche Jungvögel die Einstreu aufnehmen. Ein von mir handaufgezogenes Tier hatte sich den Kropf mit Spänen vollkommen überladen. Nur durch mehrere Kropfspülungen mit lauwarmem Kamillentee konnte der größte Teil wieder entfernt werden – eine Tortur für alle Beteiligten.

Gegen Ende der Nestlingszeit bietet man den Jungtieren Obst und Keimfutter in flachen Schalen, das zuerst spielerisch zerbissen, von dem aber auch bald schon ein wenig gefressen wird. Kurz vor dem Ausfliegen tritt eine Phase auf, in der die Papageien sehr wenig fressen, teilweise sogar die Nahrung verweigern. In dieser Zeit verlieren sie an Gewicht. Auch bei von ihren Eltern aufgezogenen Vögeln läßt sich, kurz bevor sie das Nest verlassen, eine solche Gewichtsreduzierung beobachten. Danach nimmt der Appetit wieder zu.

Sind die Jungen flügge, setzt man sie in einen Käfig, dessen Sitzstangen zuerst dicht über dem Käfigboden angebracht werden. Käufliche Käfige, die kein Viereckgitter, sondern nur Stäbe haben, sind nicht geeignet, da die jungen Vögel beim Klettern noch sehr ungeschickt sind und es vorkommen kann, daß sie einen Flügel durch die Stäbe stecken. Rutschen die Kleinen dann ab, kann es schnell zu Verletzungen kommen. Am besten werden die Papageien zunächst in Kistenkäfigen untergebracht, deren Front aus punktgeschweißtem Viereckgeflecht besteht.

Die Entwöhnung muß langsam erfolgen. Die Handfütterungen werden immer stärker reduziert, bis sich der Vogel selbständig ernährt.

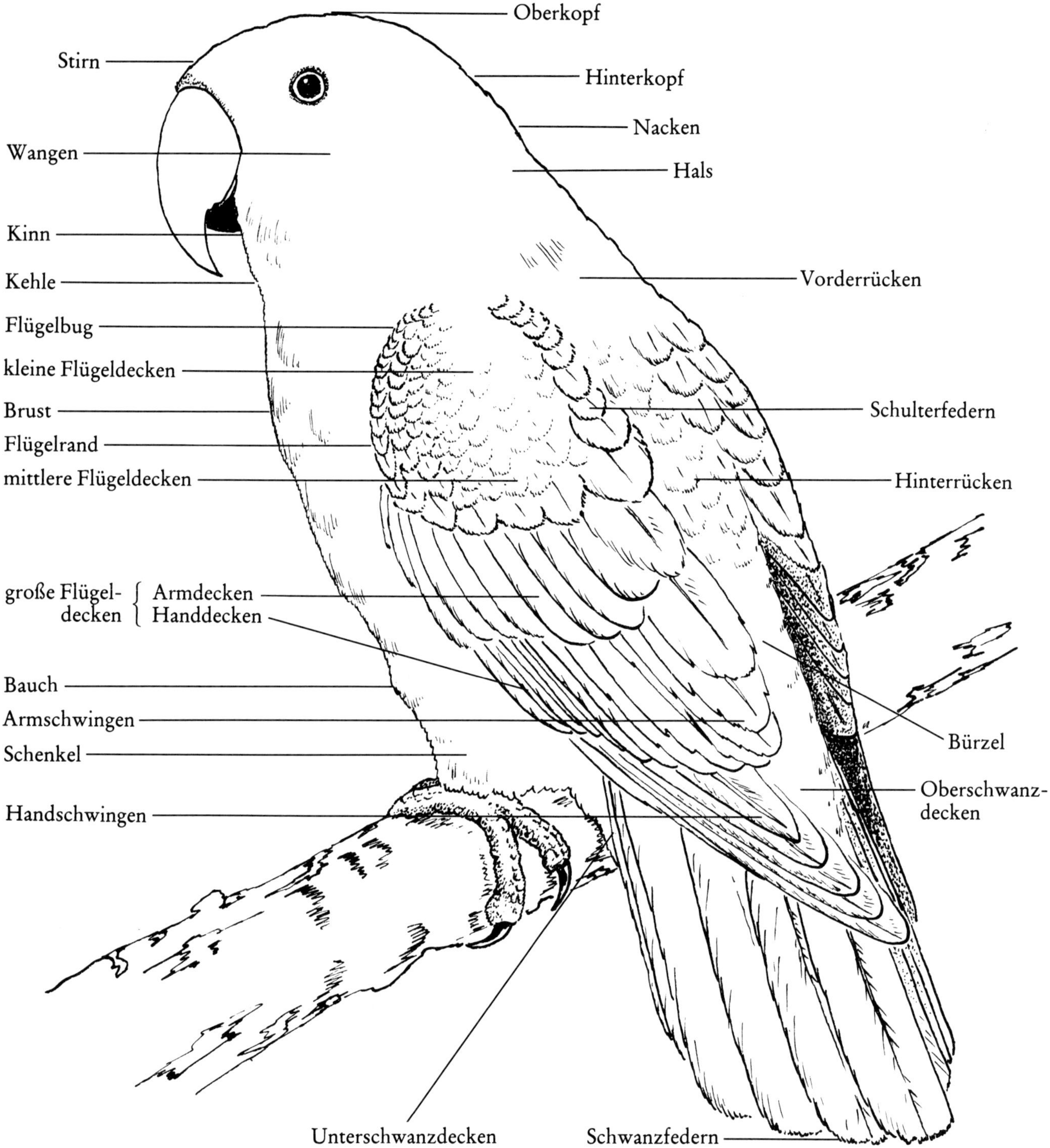
Oberkopf
Stirn
Hinterkopf
Nacken
Wangen
Hals
Kinn
Kehle
Vorderrücken
Flügelbug
kleine Flügeldecken
Brust
Schulterfedern
Flügelrand
mittlere Flügeldecken
Hinterrücken
große Flügel-
decken
Armdecken
Handdecken
Bauch
Armschwingen
Bürzel
Schenkel
Oberschwanz-
decken
Handschwingen
Unterschwanzdecken
Schwanzfedern

Arten

Vorbemerkungen

Im folgenden Teil des Buches, der die einzelnen Arten vorstellt, wird neben Berichten über Freilandbeobachtungen und Haltungs- und Zuchterfahrungen besonderer Wert auf die Unterscheidung der Subspezies gelegt. Die Nominatform wird ausführlich beschrieben, bei den Unterarten wird auf die abweichend gefärbten Gefiederpartien eingegangen. Dies mag für manchen Leser ermüdend sein, aber die detaillierten Angaben sind erforderlich, um bestimmen zu können, welcher Subspezies ein Vogel angehört, damit bei Zuchtversuchen eine Vermischung vermieden werden kann. Die Abbildungen charakteristischer Gefiederpartien sollen dabei behilflich sein.

Nicht von allen Subspezies stand mir Balgmaterial für Untersuchungen zur Verfügung, ich mußte in diesen Fällen auf Angaben aus der Literatur zurückgreifen.

Da die Gesamtlänge eines Vogels nicht am Balg, sondern nur am lebenden oder frischtoten Tier gemessen werden kann, ist die aus der Literatur entnommene Angabe nur als Näherungswert zu verstehen. Als relatives Maß für die Größe eines Vogels, vor allem innerhalb einer Art, dient die Flügellänge, die auch beim präparierten Tier bestimmt werden kann. Indem man den Flügel vorsichtig gegen ein Lineal drückt, wird vom Flügelbug bis zur Spitze der längsten Handschwinge gemessen. Ein Vogel, der eine geringere Flügellänge hat, ist in der Regel auch kleiner.

Bei eigenen Messungen sind der Minimal- und der Maximalwert angegeben, der Mittelwert in Klammern. Zum Vergleich oder wenn als einziger verfügbar, ist der von Forshaw (1978) angegebene Mittelwert der Flügellängen aufgeführt. Diese Angaben sind mit (F) gekennzeichnet.

Soweit bekannt, wird das Körpergewicht (hier synonym für Körpermasse) angegeben.

Nur beim Edelpapagei existieren für die Unterarten deutsche Namen. Bei den Subspezies der anderen Arten werden ausschließlich die wissenschaftlichen Namen verwendet, da mir eigene Namensschöpfungen nicht sinnvoll erscheinen.

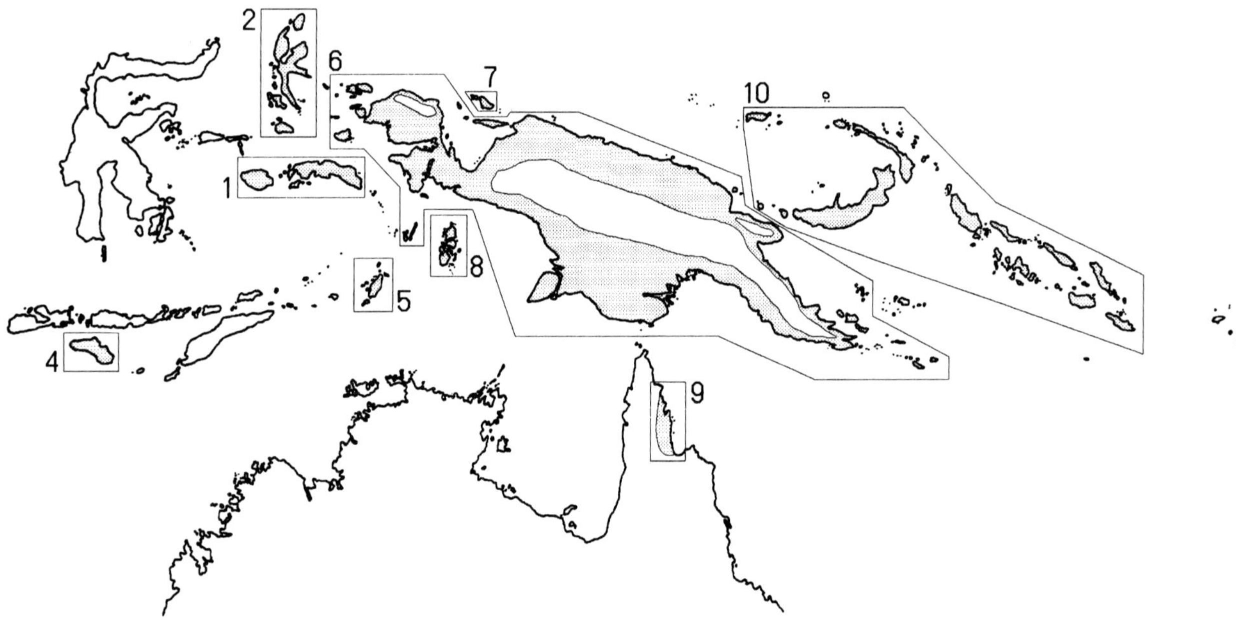

Verbreitungsgebiete der Unterarten von *Eclectus roratus*. 1: *roratus*, 2: *vosmaeri*, 4: *cornelia*, 5: *riedeli*, 6: *polychloros*, 7: *biaki*, 8: *aruensis*, 9: *macgillivrayi*, 10: *solomonensis*. (Die Numerierung entspricht der bei der Beschreibung der Unterarten.)

Gattung *Eclectus* Wagler, 1832

Einziger Vertreter dieser Gattung ist *Eclectus roratus*, der Edelpapagei. Edelpapageien sind große, kräftige Vögel mit kurzem Schwanz, dessen Federn an der Spitze breit und gerade abgeschnitten sind. Die Flügel sind lang und am Ende abgerundet. Die weitstrahligen Körperfedern wirken aufgrund ihrer aufgelockerten Struktur haarähnlich und bilden ein außerordentlich dichtes, glattes und glänzendes Gefieder. Die Wachshaut ist ganz befiedert, die Nasenlöcher sind dadurch meist verdeckt.

Der Schnabel ist groß und kräftig, mit abgerundetem First und glatter Oberflächenstruktur. In der Oberschnabelkante befindet sich ein schwacher rechtwinkliger Zahnausschnitt.

Der extreme Geschlechtsdimorphismus in der Färbung führte dazu, daß Männchen und Weibchen lange Zeit als unterschiedliche Arten beschrieben wurden (Finsch 1868). Während die Bevölkerung der Ursprungsgebiete der Edelpapageien schon immer wußte, daß die roten und grünen Vögel zu einer Art gehören, und sie für beide einen gemeinsamen Namen hatte (Dahl 1899), publizierte A. B. Meyer erst 1874 die damals sensationelle Entdeckung, daß die beiden so unterschiedlich gefärbten Tiere zusammengehören.

Cornelia-Edelpapageienmännchen *(E. roratus cornelia)* im natürlichen Lebensraum auf Sumba.

Eclectus roratus (Müller, 1776) – Edelpapagei

Peters (1937), der die Gattung unter dem Synonym *Lorius* führt, gibt 12 Unterarten an. Er weist aber darauf hin, daß nach genaueren Untersuchungen möglicherweise nicht alle Subspezies aufrechterhalten werden können. Nach Forshaw (1978) existieren 10 Unterarten, allerdings ist das Verbreitungsgebiet von *westermani* nicht bekannt, seine Beschreibung erfolgte nach Vögeln aus der Gefangenschaft.

1. *E. roratus roratus* – Ceram-Edelpapagei

Gesamtlänge: 35 cm.

Beschreibung: Männchen: Gefieder dunkelgrün; Körperseiten, Unterflügeldecken und Achselfedern rot; Unterschwanzdecken grün mit leicht gelblichem Schimmer; Flügelrand himmelblau; Handschwingen und Handdecken an der Außenfahne dunkelblau mit schmalem grünem Außensaum, die Innenfahne ist schwarz mit dunkelblauem Schimmer entlang des Federkiels, innere Handschwingen stärker dunkelblau; Armschwingen an der Außenfahne grün, Innenfahne und Spitze der Federn dunkelblau, die innersten 3 Armschwingen neben den Schulterfedern grün; Unterseite der Schwungfedern schwarz; Schwanzfedern (Oberseite): mittlere grün, an der Spitze schmaler olivgelblicher Saum; äußerste an der Außenfahne von der Spitze aus ungefähr ein Drittel dunkelblau bis blauschwarz, zur Basis der Feder hin schwarzgrün, Innenfahne schwärzlich, Federspitze mit schmalem gelblichem Saum; die übrigen Schwanzfedern zeigen in der Färbung einen allmählichen Übergang von der mittleren bis zur äußersten, dabei Blau nur im Spitzenbereich der äußersten 2 bis 3 Federn; Schwanzunterseite schwärzlich mit schmalem schmutziggelbem, verwaschenem Saum; Oberschnabel an der Basis orangerot bis korallenrot, zur Spitze hin gelb werdend (die Intensität der Schnabelfärbung kann im Lauf der Zeit schwanken), Unterschnabel schwarz; Füße dunkelgrau; äußerer Irisring gelb bis orangegelb, innerer Irisring braunschwarz.

Flügellänge: 234–242 (238,3) mm, (F) 241,6 mm.

Weibchen: Dunkel-scharlachrot, Rücken und Flügel düster-rot, fast braunrot; Bauch, Unterbrust, Körpersei-

Ceram-Edel-
papageien
(E. roratus roratus).

Schwanzoberseite und Schwanzunterseite von Edelpapageienmännchen. Jeweils links Riedels Edelpapagei *(E. roratus riedeli)* mit sehr breitem, kräftig gelbem Band an der Spitze der Steuerfedern, in der Mitte Neuguinea-Edelpapagei *(E. roratus polychloros)* mit deutlich gelben Spitzen und rechts Ceram-Edelpapagei *(E. roratus roratus)*, dessen Schwanzfedern nur einen schmalen, schmutziggelben Endsaum tragen.

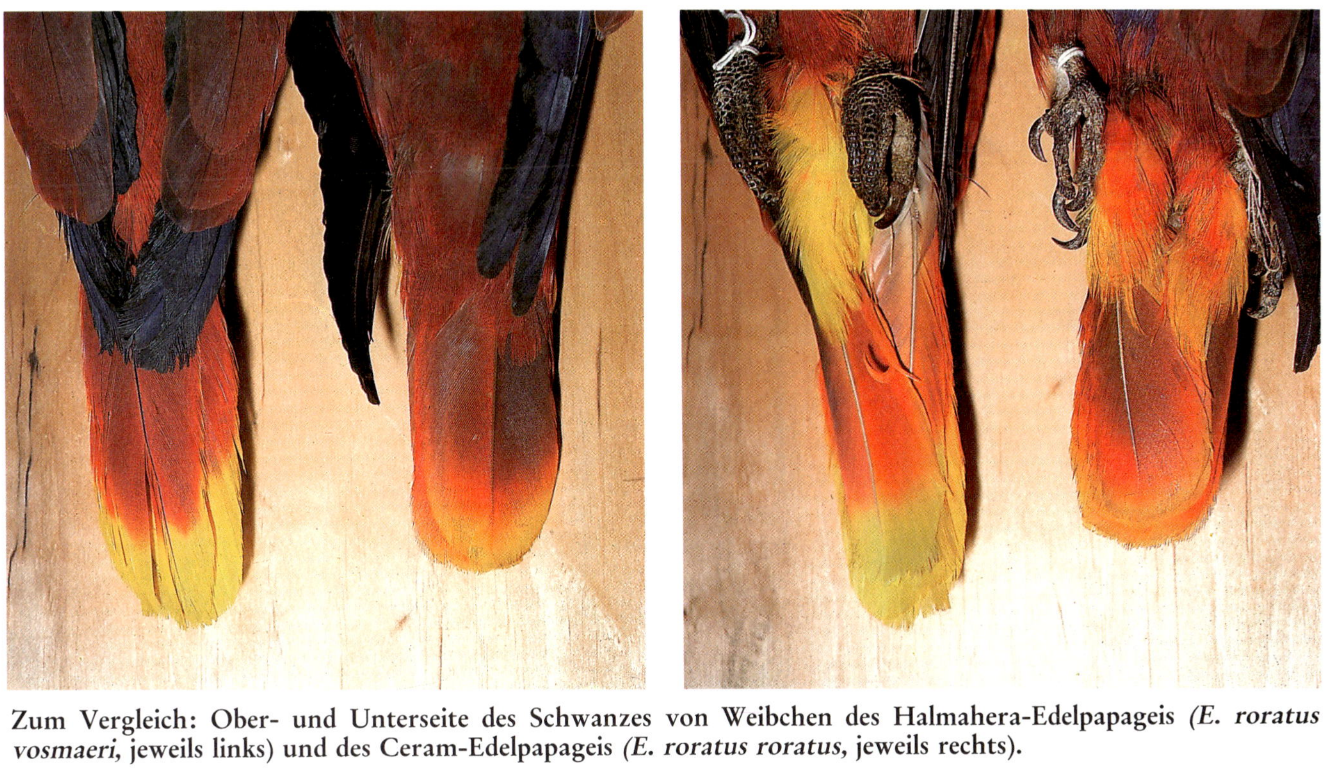

Zum Vergleich: Ober- und Unterseite des Schwanzes von Weibchen des Halmahera-Edelpapageis *(E. roratus vosmaeri*, jeweils links) und des Ceram-Edelpapageis *(E. roratus roratus*, jeweils rechts).

ten und ein breites Band über den Vorderrücken und hinteren Hals dunkel-blauviolett, Oberbrust rot und blauviolett verwaschen; Flügelrand violettblau; Unterflügeldecken dunkel-blauviolett; Handschwingen und Handdecken dunkelblau, an der Außenfahne schmal grün, an der Innenfahne breit schwarz gesäumt; äußere Armschwingen Außenfahne dunkelblau, auf der Mitte der Fahne ein großer dunkelroter Fleck, der durch eine schmale dunkelgrüne Zone vom Blau getrennt ist, Innenfahne dunkelblau mit breitem schwarzem Rand; bei den folgenden Armschwingen wird der rote Bereich auf den Außenfahnen immer größer, bei den vorletzten 2 bis 3 sind die Außenfahnen rot, die Innenfahnen dunkelgrün mit breitem schwarzem Rand, innerste Armschwinge ganz rot; Unterseite der Schwungfedern schwarz; Unterschwanzdecken rot, leicht gelblich verwaschen, die längsten mit gelblichen Spitzen; Schwanzoberseite: Federn kräftig rot, zur Basis hin zunehmend dunkel überhaucht, Spitzen mit sonnengelbem Saum, der einen fließenden Übergang zum Rot hat; Schwanzunterseite rot, gelb überhaucht, Spitzen mit sonnengelbem, unscharf abgetrenntem Saum; Schnabel schwarz; Füße dunkelgrau; äußerer Irisring gelb, innerer Irisring braunschwarz.

Flügellänge: 225 mm, (F) 230,8 mm.

Verbreitung: Südliche Molukken: Buru, Seram (früher Ceram), Amboina, Saparu und Haruku.

Nach Forshaw (1978) tendieren die Edelpapageien von Seram zur Unterart *vosmaeri.* Mir stand nur ein Balgexemplar von Seram zur Verfügung. Dieses Männchen unterschied sich aber weder in der Größe noch in der Färbung von den auf Buru gesammelten Vögeln.

2. *E. roratus vosmaeri* – Halmahera-Edelpapagei

Die Vögel sind deutlich größer als *roratus.*

Beschreibung: Männchen: Gefieder heller grün mit gelblichem Schimmer; rotes Feld an den Körperseiten größer als bei *roratus*; Unterschwanzdecken deutlich gelblichgrün; Handschwingen und Handdecken: Außenfahne meist kräftiger dunkelblau, ohne oder nur mit einem Hauch von grünem Außensaum; Schwanzfedern (Oberseite): die beiden mittleren grün, oft auf der Schaftmitte mit kleinem blauem Endfleck, schmaler Saum an der Spitze hellgelb; äußerste Federn Außenfahne dunkel-indigoblau, Innenfahne dunkelblau mit schwärzlichem Außensaum, das Blau wird vor allem an der Außenfahne zur Spitze der Feder hin leuchtender; manchmal findet sich an der Außenfahne im Basisdrittel ein schmaler grünlicher Saum, der an der zweiten Feder von außen an der Basis breiter ist und die Feder weiter entlang zieht; Federspitzen mit gelblichem, teilweise schmutzig-weißgelbem Saum; Schwanzunterseite Federn mit blaßgelben, bis ca. 7 mm breiten Spitzen; äußerer Irisring gelb bis orangegelb.

Flügellänge: 260–276 (269,2) mm, (F) 272,6 mm.

Halmahera-Edelpapageienmännchen *(E. roratus vosmaeri).* Das hellgrüne Gefieder dieser Unterart zeigt einen gelblichen Schimmer.

Halmahera-Edelpapagei *(E. roratus vosmaeri)*, junges Weibchen mit noch nicht ausgefärbter Iris. Charakteristisch sind das breite violette Nackenband, der verwaschene Übergang vom Violett der Unterseite zum Rot des Kopfes, die gelben Unterschwanzdecken und die breiten, leuchtend gelben Schwanzspitzen.

Weibchen: Gefieder heller rot als *roratus*; Flügel, Rücken und Bürzel etwas dunkler rot als Kopf; Bauch, Unterbrust Körperseiten und ein breites Band über Vorderrücken und hinteren Hals violett; Oberbrust rot und violett verwaschen; Flügelrand leuchtend (violett-)blau; Unterflügeldecken matt-violett; Handschwingen und Handdecken kräftig dunkelblau, an den Innenfahnen mit schwärzlichem Rand, an den Außenfahnen kein grüner Saum; Unterschwanzdecken leuchtend-gelb, teilweise sind die Federn an der Basis und am Kiel entlang leicht rötlich; Schwanzoberseite: Federn rot mit deutlich abgegrenzten, leuchtend-gelben Spitzen (bei den mittleren Federn bis etwa 4 cm breit, bei den äußersten bis etwa 2 cm); Schwanzunterseite rot, an der Basis schwarz überhaucht, mit gelbem Schimmer, breite, leuchtend-gelbe Spitzen; äußerer Irisring strohgelb.

Flügellänge: 246–261 (255,1) mm, (F) 260,4 mm.

Verbreitung: Nördliche und zentrale Molukken: Moro-

Schwanzfedern von Edelpapageienmännchen. Links *aruensis:* Mittlere Feder mit blauem Endfleck (das Blau erscheint durch Lichtreflexion zu leuchtend), äußerste Feder dunkelblau, zur Basis hin blauschwarz, breiter gelber Endsaum. Rechts *vosmaeri:* Mittlere Feder grün, äußerste kräftig dunkelblau, gelber Endsaum schmaler.

Die Außenfahnen der Handschwingen von *polychloros*-Männchen (unten) und Vertretern der meisten anderen Unterarten tragen einen grünen Außensaum, der bei *vosmaeri*-Männchen (oben) fehlt oder allenfalls angedeutet ist.

tai, Halmahera, Ternate, Kayoa, Mare, Damar, Bacan und Obi (White & Bruce 1986).

3. *E. roratus westermani* – Westermans Edelpapagei

Von dieser Unterart lag mir kein Balgmaterial vor, so daß ich auf Angaben aus der Literatur zurückgreifen muß. Finsch (1868) und Salvadori (1891) beschreiben nur die Männchen, Forshaw (1978) auch Weibchen.

Die Subspezies ist nur aus Gefangenschaft bekannt, möglicherweise handelt es sich um eine aberrante Form. Aufgrund der Färbung der Schwung- und Schwanzfedern der Männchen müßte *westermani* der Nominatform *roratus* zugeordnet werden, auf keinen Fall aber *riedeli,* wie Sharpe (in Salvadori 1891) meint.

Kleiner als *roratus.*

Beschreibung: Männchen: Grasgrün; Körperseiten und Achselfedern grün (nicht rot), Unterflügeldecken rot; Flügelrand himmelblau; Handschwingen und Handdecken dunkelblau, Außenfahnen mit grünem Saum; Schwanz-

Bälge von Westermans Edelpapageien *(E. roratus westermani).* Bei den Männchen sind nur die Unterflügeldecken rot gefärbt, Körperseiten und Achselfedern sind grün.

federn (Oberseite): mittlere Federn grün mit schmalem gelbem Saum an der Spitze; äußere Federn an den Außenfahnen mehr oder weniger blau; äußerer Irisring gelb.

Flügellänge: (F) 219,4 mm,

Weibchen: Wie *roratus,* aber kleiner.

Flügellänge: (F) 216,4 mm.

4. *E. roratus cornelia* – Cornelia-Edelpapagei

Größer als *roratus.*

Beschreibung: Männchen: Gefieder dunkelgrün; Unterschwanzdecken dunkelgrün ohne gelben Schimmer, die Spitzen der Federn sind etwas heller grün; Handschwingen und Handdecken dunkelblau mit schmalem türkisgrünem Außensaum; Schwanzfedern (Oberseite): mittlere Federn grün mit großem, dreieckigem blauem Endfleck und schmalem gelbrötlichem Endsaum; äußerste Federn Außenfahne ganz blau, Innenfahne entlang des Kiels blau, ansonsten schwarz (bei einem Exemplar war das Blau der Innenfahne zur Federbasis hin grün überhaucht); 2. Schwanzfeder von außen blaue Außenfahne mit grünem Außensaum, der im Bereich der Spitze ganz schmal wird oder vollkommen verschwindet; der Grünanteil der Schwanzfedern nimmt von den äußeren zu den mittleren hin zu, es bleibt aber immer viel Blau erhalten; Schwanzunterseite Federn mit schmalem, verwaschenem graugelblichem Endsaum; äußerer Irisring orange-ocker (Hartert 1896 b).

Hartert (1896 b) und Forshaw (1978) geben an, daß die meisten Federn der dunkelgrünen Oberseite einen helleren Saum haben. Keiner der von mir untersuchten Bälge zeigte solche Aufhellungen, Rücken, Hals und Nacken waren einheitlich dunkelgrün.

Flügellänge: 260–268 (265,2) mm, (F) 266,8 mm.

Weibchen: Rot; Rücken, Bürzel, Oberschwanzdecken und Flügel dunkler und matter rot; Flügelrand blau; Unterflügeldecken rot, Federn zum Teil mit blauen Flekken (vor allem an der Federbasis); Handschwingen dunkelblau, Außenfahnen mit türkisgrünem Außensaum; Schwanzoberseite Federn dunkelrot, zur Spitze hin heller

Cornelia-Edelpapageienweibchen *(E. roratus cornelia).* Diese Unterart ist durch Umweltzerstörung und Fang bedroht.

rot werdend; Schwanzunterseite Federn oft mit schwärzlichem Hauch, darüber ein gelber Schimmer, Spitzen heller rot; äußerer Irisring blaßgelb.

Flügellänge: 248 mm, (F) 253,8 mm.

Verbreitung: Sumba (Kleine Sunda-Inseln).

5. *E. roratus riedeli* – Riedels Edelpapagei

Kleiner als *roratus.*

Schwanzfedern eines *cornelia*-Männchens: Mittlere Feder grün mit blauem Endfleck, äußerste leuchtend blau. Der schmale gelbrötliche Endsaum ist bei diesem Balg abgenutzt.

Schwanzfedern eines *riedeli*-Männchens: Mittlere Feder grün mit breitem, kräftig gelbem Band an der Spitze, äußerste an der Außenfahne blau, grün überhaucht, Innenfahne grün, gelber Spitzenbereich.

Riedels Edelpapagei *(E. roratus riedeli)*. Bei den Weibchen sind Unterschwanzdecken und Spitzen der Steuerfedern gelb.

Beschreibung: Männchen: Gefieder dunkelgrün; Nacken und Kopfseiten bläulichgrün; Unterschwanzdecken grün mit gelbem Schimmer; Handschwingen dunkelblau, Rand der Außenfahne blau ohne grünen Schimmer; Handdecken dunkelblau mit türkisblauem Außensaum; Schwanzfedern (Oberseite): mittlere Federn grün mit 20–25 mm breitem gelbem Band an der Spitze; äußerste Federn Außenfahne blau, grün überhaucht, Innenfahne grün, zur Basis hin schwärzlich, 10 mm breites gelbes Band an der Spitze; 2. Feder von außen Blau nur noch als Schimmer auf der grünen Außenfahne, anschließend an den ca. 15 mm breiten gelben Endsaum; äußerer Irisring blaßorange (Salvadori 1891).

Flügellänge: 220 mm, (F) 216,9 mm.

Weibchen: Rot; Rücken, Bürzel, Oberschwanzdecken und Flügel dunkler und matter rot; Flügelrand blau; Handschwingen dunkelblau; Unterschwanzdecken leuch-

Neuguinea-Edelpapageienmännchen ***(E. roratus polychloros).***

Weibchen des Neuguinea-Edelpapageis.

tend-gelb; Schwanzoberseite Federn rot mit ca. 35 mm breiten leuchtend-gelben Spitzen; Schwanzunterseite Federn gelblichrot mit goldenem Schimmer und breitem gelbem Band an den Spitzen; äußerer Irisring weißlichgelb (Salvadori 1891, Hartert 1901 b).

Flügellänge: (F) 214,0 mm.

Verbreitung: Tanimbar (Kleine Sunda-Inseln).

6. *E. roratus polychloros* (Syn. *pectoralis*) – Neuguinea-Edelpapagei

Größer als *roratus*.

Beschreibung: Männchen: Gefieder dunkelgrün, bei manchen Exemplaren mit schwachem gelblichgrünem Schimmer; Unterschwanzdecken grün mit hellgrünen bis gelbgrünen Spitzen; Handschwingen und Handdecken dunkel-

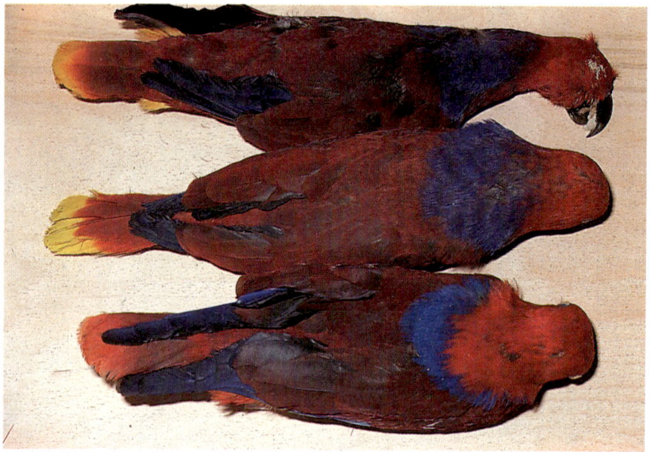 

Edelpapageienweibchen. Jeweils oben Ceram-, Mitte Halmahera- und unten Neuguinea-Edelpapagei. Während sich bei Ceram- und Halmahera-Edelpapagei ein breites (blau-)violettes Band über Hals und Vorderrücken zieht, ist das blaue Band beim Neuguinea-Edelpapagei schmaler und auf den Vorderrücken begrenzt. Beim Ceram- und Halmahera-Edelpapagei ist der Übergang vom (Blau-)violett der Unterseite zum Rot des Kopfes verwaschen, beim Neuguinea-Edelpapagei sind Blau und Rot deutlich abgegrenzt. Obwohl die Abbildung die Violettöne nicht korrekt wiedergibt, sind doch die Farbabstufungen zwischen den Unterarten zu erkennen. Beachte die Färbung der Schwanzfedern und Unterschwanzdecken.

Schwanzfedern von Edelpapageienmännchen. Bei *roratus* (Mitte) ist die äußerste Feder nur im Spitzenbereich dunkelblau, sonst schwärzlich, der gelbliche Endsaum ist schmal. *Aruensis* (links) hat in der Regel eine breitere gelbe Schwanzbinde als *polychloros* (rechts), ansonsten lassen sich beide Unterarten aufgrund ihrer Färbung nicht unterscheiden.

blau mit deutlichem grünem Saum an den Außenfahnen; Schwanzfedern (Oberseite): mittlere Federn grün mit gelbem Saum an der Spitze, auf der Schaftmitte meist mit blauem Endfleck; äußerste Federn Außenfahne dunkelblau, zur Basis hin schwarzblau, schmaler grüner Saum am Außenrand (nicht bei allen Exemplaren), Innenfahne im Spitzenbereich dunkelblau, dann blauschwarz, zur Basis hin am Kiel entlang dunkelgrün überhaucht, Endsaum gelb; 2. Feder von außen Außenfahne von der Basis aus ca. zwei Drittel grün, dann dunkelblau werdend, Blau zieht sich als schmaler Streifen am Kiel entlang zur Federbasis; Schwanzunterseite Federn mit deutlichem gelbem Endsaum (ca. 10 mm); äußerer Irisring rot bis orangerot oder braunrot.

Flügellänge: 250–264 (259,9) mm, (F) 256,2 mm.

Körpergewicht: 425 g (Mayr 1931); Männchen und Weibchen durchschnittlich 454 g (Bell 1982 a).

Weibchen: Kopf, Hals und Brust leuchtend-rot; Rücken, Bürzel, Oberschwanzdecken, Schenkel und Flügel dunkler

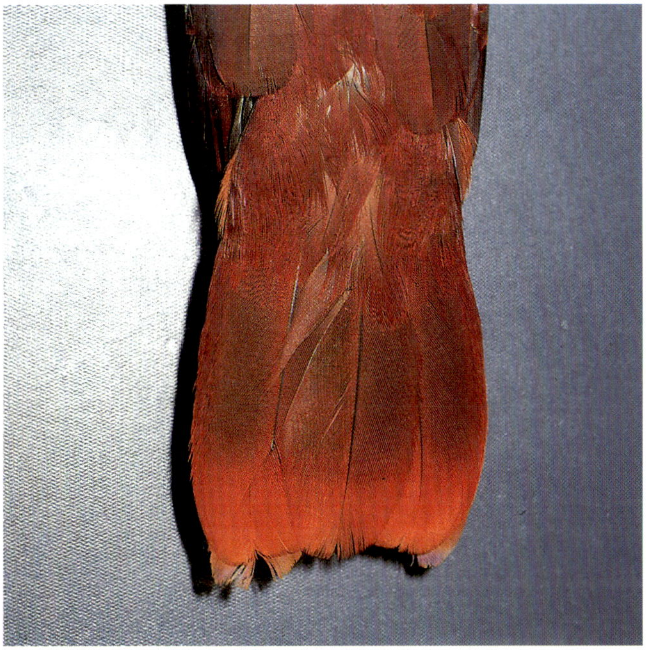

Die Weibchen von Neuguinea-Edelpapagei und Aru-Edelpapagei unterscheiden sich nur geringfügig, und zwar in der Färbung der Schwanzfedern. Die hellroten Spitzen der Steuerfedern von *aruensis* (rechts) zeigen bei den meisten Exemplaren einen orangegelben Schimmer, der besonders gut bei den nachwachsenden Federn zu erkennen ist und der bei *polychloros* (links) fehlt.

rot; Unterschwanzdecken helleres Rot; Bauch, Körperseiten, Unterflügeldecken und ein Band über den Vorderrükken kräftig blau (manchmal mit violettem Schimmer) mit einer scharfen Abgrenzung gegen die roten Gefiederpartien; Flügelrand heller blau; schmaler Federring ums Auge blau; Handschwingen und Handdecken dunkel-indigoblau mit grünen bis türkisgrünen Säumen an den Außenfahnen; Schwanzoberseite Federn dunkelrot mit breitem hellrotem Spitzenbereich; Schwanzunterseite Federn dunkelrot, zur Basis hin schwärzlich überhaucht, mit goldgelbem Schimmer, Spitzen breit hellrot; äußerer Irisring gelblichweiß.

Flügellänge: 235–245 (240,8) mm, (F) 245,8 mm.

Verbreitung: Neuguinea und vorgelagerte Inseln, Waigeo, Salawati, Misol, Kei-Inseln, Trobriand-Inseln, D'Entrecasteau-Inseln und Lousiade-Archipel.

7. *E. roratus biaki* – Biak-Edelpapagei

Von dieser Unterart, die nur auf der Insel Biak in der Geelvink-Bai im Nordwesten Neuguineas vorkommt, lagen mir keine Bälge zur Untersuchung vor.

Biak-Edelpapageien gleichen in der Färbung Neuguinea-Edelpapageien, sind aber kleiner (Rothschild & Hartert 1901 a, Forshaw 1978). Bei den Weibchen sind Hinterkopf und Brust meist leuchtender rot (Forshaw 1978).

Forshaw bezweifelt, daß *biaki* von *polychloros* abgetrennt werden kann.

Flügellänge: Männchen (F) 237,3 mm,
Weibchen (F) 215,5 mm.

8. *E. roratus aruensis* – Aru-Edelpapagei

Größer als *polychloros*.

Schwanzfedern eines *macgillivrayi*-Männchens: Mittlere Feder grün mit großem blauem Endfleck, äußerste kräftig dunkelblau, gelber, oft bläulich verwaschener Endsaum.

Schwanzfedern eines *solomonensis*-Männchens: Mittlere Feder grün, äußerste Feder mit dunkelblauer Außenfahne, Innenfahne im Spitzenbereich dunkelblau, sonst bläulich-dunkelgrün, gelber Endsaum.

Beschreibung: Männchen: Die Gefiederfärbung stimmt vollkommen mit der von *polychloros* überein, nur die gelben Endsäume der Schwanzfedern sind breiter, ca. 10–15 mm (Rothschild & Hartert 1896 b, 1901 a).

Flügellänge: 260–270 (263,2) mm, (F) 267,3 mm.

Weibchen: Gefiederfärbung wie *polychloros*; die hellroten Unterschwanzdecken, vor allem die längeren, haben orange bis gelbe Spitzen; die hellroten Spitzen der Schwanzfedern zeigen bei den meisten Exemplaren einen deutlichen orangegelben Schimmer; Schwanzunterseite Federn zur Basis weniger schwärzlich als *polychloros*.

Flügellänge: 245–263 (252,3) mm, (F) 259,4 mm.

Verbreitung: Aru-Inseln.

De Grahl (1974) gibt als Unterscheidungsmerkmal an, daß die Weibchen von *aruensis* im Gegensatz zu denen von *polychloros* an den Außenfahnen der Handschwingen grüne Außensäume haben. Dies kann nicht aufrechterhalten werden, da nach meinen Untersuchungen und Angaben aus der Literatur (Finsch 1868, Salvadori 1891) *polychloros*-Weibchen ebenfalls grüne Außensäume haben.

Forshaw (1978) bezweifelt, daß *aruensis* von *polychloros* abgetrennt werden kann.

9. *E. roratus macgillivrayi* – Queensland-Edelpapagei

Deutlich größer als *polychloros*.

Beschreibung: Männchen: Gefieder dunkelgrün; Handschwingen und Handdecken dunkelblau mit grünen Säumen an den Außenfahnen; Schwanzfedern (Oberseite): mittlere Federn grün mit großem blauem Endfleck auf der Schaftmitte, schmaler blaßgelber Endsaum; äußerste Feder Außenfahne kräftig dunkelblau, zur Basis hin mit schwachem grünem Außensaum, Innenfahne kräftig dunkelblau mit breitem schwärzlichem Außensaum, Spitze der Feder gelb, blau überhaucht; Schwanzunterseite Federn mit deutlichem gelbem Endsaum (ca. 10 mm); äußerer Irisring orange.

Flügellänge: 290 und 298 mm, (F) 287,4 mm.

Körpergewicht: 580 und 605 g.

Weibchen: Gefiederfärbung wie *polychloros*; Hinterkopf, Nacken und hinterer Hals mit leicht orangegelblichem Schimmer; Blau am Bauch mit violettem Schimmer; Flü-

Biak-Edelpapageien *(E. roratus biaki),* fotografiert auf Biak.

Cornelia-Edelpapageien *(E. roratus cornelia).*

gelrand und Unterflügeldecken helleres und klares Blau ohne Violettschimmer; blauer Federring ums Auge breiter als bei *polychloros*; Handschwingen dunkelblau mit schmalem grünem Außensaum; äußerer Irisring blaßgelblich.

Flügellänge: 279 und 285 mm, (F) 277,3 mm.

Körpergewicht: 610 g.

Verbreitung: Kap-York-Halbinsel, Nordost-Australien.

10. *E. roratus solomonensis* – Salomon-Edelpapagei

Kleiner als *polychloros.*

Beschreibung: Männchen: Gefieder heller grün als *polychloros* und mit gelblichem Schimmer; Flügelrand hellblau (heller als *polychloros*); Handschwingen und Handdecken dunkelblau mit grünen bis türkisfarbenen Außensäumen; Schwanzfedern (Oberseite; die Variationsbreite ist bei dieser Unterart größer als bei den anderen): mittlere Feder grün mit schmalem gelbem Endsaum, bei manchen Exemplaren auf der Schaftmitte ein schwach blauer Endfleck; äußerste Feder Außenfahne dunkel- bis mittelblau mit schmalem grünem Außensaum, bei einigen Exemplaren zur Basis hin ein großer blaugrüner Bereich, Innenfahne Spitzenbereich blau, ansonsten bläulichgrün mit mattschwarzem Außensaum (der Grünanteil der äußeren Schwanzfedern variiert deutlich), schmaler gelber Endsaum; Schwanzunterseite deutlicher gelber Endsaum, ähnlich *polychloros,* Übergang von Gelb zu Schwarz meist verwaschen; äußerer Irisring bräunlichgelb, orange bis rötlich.

Flügellänge: 242–258 (247,4) mm, (F) 253,6 mm.

Körpergewicht: 370 g, nach Heinroth (1902) 360–400 g.

Salomon-Edelpapageienweibchen ***(E. roratus solomonensis).***

Weibchen: Gefiederfärbung wie *polychloros,* die Farben erscheinen aber intensiver und leuchtender; Blau am Bauch bei manchen Exemplaren mit violettem Schimmer; breiter blauer Federring ums Auge; Handschwingen dunkelblau mit schmalem (manchmal auch breitem, Rothschild & Hartert 1902) grünem Außensaum; Handdecken heller blau als Handschwingen, mit türkisblauem bis hellblauem Außensaum; äußerer Irisring blaßgelb bis cremeweiß.

Flügellänge: 218–246 (232,0) mm, (F) 227,2 mm.

Körpergewicht: 370 g.

Verbreitung: Bismarck-Archipel (Admiralitäts-Inseln, Neu-Irland, Neu-Britannien), Salomon-Inseln.

Von Osten nach Westen ist eine Zunahme in der Körpergröße zu beobachten. Einzelne Männchen der westlichen Populationen, die von Peters (1937) noch als Subspezies *goodsoni* geführt wurden, nähern sich in der Flügellänge den größeren *polychloros* (Rothschild & Hartert 1914 a). Auch das Körpergefieder erscheint bei den westlichen Vertretern weniger gelblichgrün und leitet zum dunkelgrünen Gefieder der Neuguinea-Form über.

Jungtiere: Die Jungtiere aller Unterarten gleichen in der Gefiederfärbung den erwachsenen Tieren, allerdings sind die Farben in der Regel matter.

Bei jungen Weibchen der Subspezies, die einen blauen Federring ums Auge haben, ist dieser nach dem Ausfliegen zuweilen nur schwach ausgebildet oder fehlt sogar vollkommen. Er erscheint dann während der ersten Kleingefiedermauser.

Die Schwanzfedern des ersten Federkleides sind schmaler und 15–20 mm länger als die der Altvögel, die Endsäume bei den Männchen oft nicht gelb, sondern orange.

Die Iris ist bei beiden Geschlechtern dunkelbraun, die endgültige Ausfärbung kann 2 bis 3 Jahre dauern. Der Oberschnabel der Männchen ist horngelblich und mehr oder weniger schwarz überlagert, die Schnabelspitze ist gelblich. Die Weibchen haben einen mattschwarzen Schnabel mit gelber Oberschnabelspitze.

Junge Weibchen zeigen hin und wieder einzelne grüne Federn (Low 1989). Bei jungen Männchen können im grünen Gefieder rote und blaue Federn vorhanden sein. Manchmal sind es nur einzelne, in anderen Fällen treten größere andersfarbige Bereiche auf. An den Körperpartien, die bei den Weibchen rot gefärbt sind, zeigen sich rote Federn, an den bei Weibchen blau oder violettblau gefärbten entspechend blaue oder violettblaue. Die Flügeldecken tragen teilweise rote Säume. Während der ersten Mauser werden diese andersfarbigen Federn durch grüne ersetzt, und die Vögel zeigen danach das typische Männchenkleid. Auch im Freiland treten solche buntscheckigen Tiere auf (Meise 1930, Mayr 1931). Peckover & Filewood (1976) geben sogar an, daß junge Neuguinea-Edelpapageien intermediär gefärbt seien, d. h. eine Gefiederfärbung hätten, die zwischen der adulter Männchen und Weibchen läge. Dies trifft aber nicht zu.

Abweichende Gefiederfärbungen: Unter den Weibchen der Subspezies, die normalerweise blaue oder violettblaue Unterflügeldeckfedern haben, gibt es einzelne Exemplare, bei denen dieser Bereich mehr oder weniger stark rot gescheckt ist. Ich konnte dies an Bälgen der Unterarten *vosmaeri, polychloros, aruensis* und *solomonensis* feststellen. Rothschild & Hartert (1901 a) beschreiben die Schekkung bei einem Weibchen, das auf Biak gefangen wurde.

Ein im Nordwesten von Neuguinea gesammeltes Männchen zeigt einige gelbe Flügeldeckfedern und eine gelbe Armschwinge, einige Schwanzfedern sind gelb und rot gezeichnet (Hartert 1930). Mayr (1931) beschreibt ein Männchen, dessen grüne Unterseite mit roten und violettblauen Federn durchsetzt ist. Bei diesem Exemplar handelt es sich wahrscheinlich um einen Jungvogel im ersten Federkleid (siehe Beschreibung Jungtiere).

Freilandbeobachtungen

Edelpapageien sind typische Waldbewohner, die vor allem in Tiefland-Regenwäldern und Hügelwäldern, aber auch in Monsunwäldern, Galeriewäldern und dichten Baumsavannen leben (Rand & Gilliard 1967; Orenstein 1976; Forshaw 1978, 1981; Coates 1985; Beehler et al. 1986; White & Bruce 1986). In Australien findet man sie gelegentlich im offenen Eukalyptuswald (Blakers et al. 1984). Nach Heinroth (1902) bevorzugen sie auf den Inseln des Bismarck-Archipels den Buschwald, Waldrandgebiete und auch einzeln stehende Bäume, im eigentlichen Hochwald konnte er Edelpapageien nicht beobachten. Dahl (1899), der ebenfalls die Bismarck-Inseln besuchte, beschreibt *Eclectus* dagegen als eine Charakterform der dunkleren Teile des Waldes. Auf den Salomon-Inseln und auf Neuguinea werden Edelpapageien vor allem im Regenwald angetroffen (Rothschild & Hartert 1914 b, Cain & Galbraith 1956, Pearson 1975 a, Bell 1982 a).

Sie bewegen sich dort ausschließlich in den oberen Schichten und im Kronendach (Pearson 1975 a). Bell (1982 b), der ausführliche Untersuchungen durchführte, stellte fest, daß *Eclectus* sich zu 98 % in der oberen Wipfelregion (30–35 m) aufhielt, den Rest der Zeit in der unteren Wipfelregion (25–30 m) und in den Überständern. Er

Bei jungen Edelpapageienmännchen können im normalerweise grünen Gefieder rote und blaue Federn auftreten, die dann während der ersten Mauser durch grüne ersetzt werden.

konnte weder tages- noch jahreszeitliche vertikale Bewegungen beobachten.

Edelpapageien leben aber auch in Sekundärwäldern und in landwirtschaftlich genutzten Gebieten (Lecroy & Peckover 1983), sie dringen bis in die Stadtgärten vor und kommen bis auf weniger als 50 m an die Häuser heran. Hier kann man sie dann manchmal bei der Nahrungsaufnahme dicht über dem Erdboden beobachten (Hadden 1981).

Der tropische Regenwald, hier auf Guadalcanal, Salomon-Inseln, ist der bevorzugte Lebensraum der Edelpapageien.

In allen Gebieten mit geeigneten Habitaten sind sie bis in Höhen von 600 bis 1000 m NN häufig (Rothschild & Hartert 1896 a, Hartert 1901 a, Meyer 1934, Lendon 1946, Lecroy et al. o. J.). In Neuguinea werden sie selten und nur in einigen Gebieten auch bis 1700 m NN angetroffen (Beehler et al. 1986). In der direkten Umgebung von großen Siedlungen auf Neuguinea konnte Forshaw (1978) nur wenige Vögel beobachten, möglicherweise findet hier eine stärkere Bejagung statt. In einem relativ ungestörten Waldgebiet, 35 km von Port Moresby entfernt, sah Bell (1982 a) die Edelpapageien regelmäßig. Er ermittelte eine Populationsdichte von einem Tier pro 10 ha.

Edelpapageien sind ausgezeichnete Flieger mit einem charakteristischen Flugbild: Langsame, kraftvolle Flügelschläge, die hauptsächlich unterhalb der Körperachse ausgeführt werden, werden von Gleitflügen unterbrochen, während derer die Flügel einen Winkel nach unten bilden. Auf kurzen Flugstrecken werden schnelle Flügelschläge ausgeführt (Peckover & Filewood 1976). Die Vögel fliegen hoch über dem Dach des Waldes. Dahl (1899) konnte sie häufig beim Fliegen quer über die Blanche-Bucht von Neu-Britannien beobachten.

Salomon-Edelpapageien *(E. roratus solomonensis)* auf Guadalcanal. Häufig werden Jungtiere von Hand aufgezogen und als zahme Haustiere gehalten. ▶

Bei der Nahrungssuche werden weite Strecken überwunden. Die Vögel überqueren selbst das Meer, um zu vorgelagerten Inseln zu gelangen. Regelmäßig fliegen Edelpapageien morgens von Neuguinea aus auf die nordwestlichen Inseln der Torres Strait-Gruppe und abends wieder zurück (Draffan et al. 1983). Dabei werden 10 km und mehr über offenem Wasser zurückgelegt.

Die Hauptaktivitätsphase der Papageien sind der frühe Morgen und der späte Nachmittag, während der heißen Tageszeit ruhen die Vögel.

Edelpapageien werden meist einzeln oder paarweise, seltener in kleinen Gruppen beobachtet, wobei sich diese Gruppen oft aus gleichgeschlechtlichen Tieren zusammensetzen. Häufig werden sehr viel mehr Männchen als Weibchen registriert, so daß der Eindruck entsteht, daß ein deutliches Ungleichgewicht zuungunsten der Weibchen besteht: Unter 20 Vögeln, die in einem Untersuchungsgebiet gesichtet wurden, war kein Weibchen (Coates 1985). Auch Draffan et al. (1983) berichten, daß sich unter den Edelpapageien, die vom Festland auf vorgelagerte Inseln der Torres Strait-Gruppe flogen, nur Männchen befanden. Diese scheinbare Überzahl der Männchen zu gewissen Zeiten hängt wahrscheinlich damit zusammen, daß die Weibchen während der Brut und zumindest in der ersten Zeit der Jungenaufzucht nur selten das Nest verlassen und von ihren Partnern mit Nahrung versorgt werden. Forshaw (1978), der in der Nähe seines Camps auf der Kap-York-Halbinsel drei Schlafbäume fand, einer davon wurde von mehr als 80 Vögeln aufgesucht, erwähnt ein solches Ungleichgewicht nicht. Er weist aber ebenfalls darauf hin, daß abseits der Schlafbäume Weibchen seltener zu sehen sind. Es wäre denkbar, daß sie wegen ihres auffallend roten Gefieders vielleicht vorsichtiger sind und versteckter leben.

Alle Autoren beschreiben die Stimme der Edelpapageien als sehr laut, besonders die der Männchen, während die Weibchen eine wesentlich sanftere Stimme haben. Vor allem beim Fliegen schreien die Vögel ausdauernd. Meist hört man sie, bevor man sie sieht. Häufig wird ein rauher, zweisilbiger, oft wiederholter Ruf vorgetragen. Die Tonhöhe innerhalb einer Serie variiert nur wenig, die einzelnen Serien können sich aber in der Höhe und der Tonfolge unterscheiden (Coates 1985). Cain & Galbraith (1956) beschreiben außerdem einen lauten, glockenähnlichen, zweisilbigen Ruf, der von verpaarten Tieren stammt.

Die Nahrung setzt sich vor allem aus verschiedenen Früchten, außerdem aus Blattknospen, Blüten und Nektar zusammen, die im Regenwald in der Wipfelregion gesammelt werden (Bell 1982 b). Die von Bell (1984) beobachteten Edelpapageien fraßen ausschließlich Früchte. Cain & Galbraith (1956) fanden im Kropf der untersuchten Tiere weiche, meist feigenähnliche Früchte, Dahl (1899) verschiedene nicht bestimmte Früchte, Baumpilze und Früchte von *Pipturus incanus*. Es werden sowohl Fruchtfleisch als auch Samen, die fein zerbissen werden, gefressen (Heinroth 1902).

Neben dem im Regenwald aufgenommenen Futter werden in den offeneren Gebieten vor allem die Früchte von *Pandanus*-Arten und von *Parinarium nonda* verzehrt (Forshaw & Muller 1978). Beliebt sind auch die Früchte einer wilden Passionsblume (*Passiflora* sp.), die als Kletterpflanze auf niedrigem Gestrüpp, vor allem am Waldrand, wächst (Bregulla 1984).

In landwirtschaftlich genutzten Gebieten können Edelpapageien in Maisfeldern und Kokospalmen-Plantagen großen Schaden anrichten (Peckover & Filewood 1976). Auf frisch abgeernteten Süßkartoffelfeldern sieht man oft einige Tiere, die nach freßbaren Resten suchen (Bregulla 1984). Auf den Palau-Inseln, auf denen *Eclectus* eingebürgert wurde, sollen sie, gemeinsam mit ebenfalls eingeführten Gelbhaubenkakadus *(Cacatua galerita)*, die endemischen Palmen zerstören (Pratt et al. 1980). Sie kommen bis in die Gärten von Siedlungen, um die Früchte kultivierter Pflanzen, wie Papayas und Bananen, zu verzehren (Hadden 1981, Coates 1985).

Die Fortpflanzungszeit der Edelpapageien ist offenbar nicht an eine bestimmte Jahreszeit gebunden. Da aber auch im Regenwald das Nahrungsangebot gewissen Schwankungen unterworfen ist, ist die Brutzeit möglicherweise damit korreliert.

In Neuguinea wurden im Mai, Juni, August und Oktober Paare an Bruthöhlen und Mitte Dezember ein Weibchen im Nesteingang sitzend gesehen. Im südlichen Neu-Britannien schaute Mitte Januar ein Weibchen nach einer Störung kurz aus dem Einschlupfloch (Coates 1985). Ein Nest mit Eiern wurde Mitte November in der Western Province, Neuguinea, gefunden (Rand 1942). In Australien wurden Eier und Jungtiere im Oktober und November registriert (Forshaw 1981).

Cain & Galbraith (1956) entdeckten auf den Salomon-Inseln im Juni und Juli ein Paar, das eine Höhle in einem toten Baum besetzt hatte, in der ganz offensichtlich Jungtiere waren: Das Männchen kam häufig angeflogen, um das im Nest sitzende Weibchen zu füttern. Manchmal rief das Männchen schon, während es sich dem Brutbaum näherte.

Das Weibchen verließ daraufhin das Nest, kam zum Sitzast des Männchens und ließ sich füttern. Meist verschwand das Weibchen anschließend sofort in der Höhle, einmal aber erst, nachdem die Federn auf dem Kopf und um den Schnabel vom Partner gepflegt worden waren.

Die beiden letztgenannten Autoren konnten Ende Oktober eine Kopulation beobachten. Das Paar saß nebeneinander und trug den glockenähnlichen Paarruf vor (nur das Männchen?). Das Männchen nestelte kurz im Nackengefieder des Weibchens, stieg auf den Rücken der Partnerin und drückte seinen Schwanz unter ihren, wobei es zwei- oder dreimal die Seite wechselte. Sie verhielt sich währenddessen ruhig und duckte sich auf den Ast. Nach der Kopulation flog das Weibchen ab, während das Männchen sitzen blieb und sein Gefieder pflegte.

Die Nester befinden sich in hohlen Stämmen großer, teilweise oder ganz abgestorbener Bäume, meist in der Nähe des Waldrandes oder einer Lichtung. Dabei werden möglichst hoch und unzugänglich gelegene Höhlen bevorzugt. Die niedrigste, die entdeckt wurde, war etwa 14 m, die höchste 22 m über dem Erdboden (Forshaw 1978). Coates (1985) gibt Höhen von 18 bis 60 m an. Das Schlupfloch hat meist einen Durchmesser von 20 bis 30 cm, die Tiefe des Brutraumes schwankt zwischen 30 cm und mehr als 6 m (Forshaw 1981).

Es existieren Berichte, nach denen ein Nest von mehreren Edelpapageien beider Geschlechter besucht wird. In einer von Macgillivray kontrollierten Höhle befanden sich ein Männchen und drei Weibchen, Forshaw entdeckte vier Männchen und zwei Weibchen zusammen in einem Nest (Rowley 1976). Rowley gibt zu bedenken, daß in beiden Fällen keine konkreten Hinweise auf gemeinschaftliches Brüten vorliegen und daß Papageien auch fremde Höhlen aufsuchen, ohne sich jedoch in irgendeiner Weise an der Aufzucht dort vorhandener Nestlinge zu beteiligen. Forshaw (1981) nimmt an, daß es sich bei diesen Gruppen von Papageien vielleicht um ein Paar mit Jungtieren aus früheren Bruten handelt.

Zahmes Salomon-Edelpapageienmännchen.

Haltung

Bereits in der zweiten Hälfte des vergangenen Jahrhunderts wurden Edelpapageien in Europa gepflegt. Nachdem 1874 durch Meyer der extreme Geschlechtsdimorphismus dieser Art bekannt wurde, waren schon einige Jahre später die ersten erfolgreichen Bruten zu verzeichnen. Vor allem in den 70er Jahren dieses Jahrhunderts wurden Edelpapageien recht zahlreich eingeführt, seit einigen Jahren allerdings nicht mehr nach Deutschland.

Neuguinea-Edelpapageienweibchen *(E. roratus polychloros).*

In der Literatur werden die Papageien stets als ruhige Vögel dargestellt. Heinroth (1902) meint sogar, daß auch jung aufgezogene Vögel überaus langweilig seien und ihrem Besitzer wenig Freude bereiteten. Maforke (1911), der von der Schönheit und Zahmheit seines männlichen Neuguinea-Edelpapageis begeistert berichtet, vermißt aber bei ihm das Spielverhalten, das etwa Amazonen und Kakadus zeigen. Neunzig (1921) beschreibt die Edelpapageien als „ruhige, stille Vögel von einem gewissen Ernst, denen bei all ihren Bewegungen, Klettern, Hüpfen von Sitzstange zu Sitzstange, Flügelschlagen, die Anmut anderer Papageien fehlt". Nach de Grahl (1969) und Grummt (1973) fliegen die Tiere nicht gern, sondern bewegen sich kletternd in ihrer Unterkunft umher. Neunzig gibt an, daß Edelpapageien selten schreien, das Geschrei aber unangenehm ist.

Diese Beobachtungen, die an importierten Wildfängen gemacht wurden, stimmen nicht mit dem Bild überein, das aufgrund der Schilderungen aus dem Freiland gewonnen wird, nach denen Edelpapageien sehr laute Vögel und ausgezeichnete Flieger sind. Die in Gefangenschaft geschlüpften Tiere zeigen aber ein Verhalten, das dem ihrer freilebenden Artgenossen ähnlich ist: Sie sind, sofern ihnen ausreichend Platz zur Verfügung steht, sehr beweglich und machen (leider) auch häufig von ihrer Stimme Gebrauch. Dies, wie im Freiland, vor allem morgens und am späten Nachmittag.

Edelpapageien werden meist schnell zutraulich, und auch brütende Vögel bleiben in der Regel vollkommen zahm. Dieses Neuguinea-Edelpapageien-Zuchtmännchen bedient sich schon mal selbst.

Am besten bringt man Edelpapageien in beheizbaren Innenvolieren unter, an die sich Außenvolieren anschließen. Da die Stimme der Vögel gewaltig sein kann und oft jedes Ereignis außerhalb der Voliere lautstark kommentiert wird, empfiehlt es sich, die Innenvoliere möglichst groß zu wählen, da man den Tieren mit Rücksicht auf die Nachbarn unter Umständen nur zu bestimmten Tageszeiten einen Aufenthalt in der Freivoliere gestatten kann.

Edelpapageien sind bei einer abwechslungsreichen Fütterung (siehe Kapitel Ernährung) ausgesprochen robuste Pfleglinge. Da ihre ursprüngliche Heimat die tropischen Regenwälder sind, sollte man ihnen auch im Winter in der Innenvoliere eine Raumtemperatur von wenigstens 15 °C gönnen. Obwohl manche Vögel sogar in ungeheizten Unterkünften die kalte Jahreszeit überstehen, ist einer Haltung in temperierten Räumen der Vorzug zu geben.

Diese Papageien können, selbst bei paarweiser Haltung, sehr zahm werden. Sie besitzen auch begrenzt die Fähigkeit, Worte oder Pfiffe nachzuahmen. Low (1980) vertritt die Ansicht, daß männliche Edelpapageien aufgrund ihres freundlicheren Wesens eher zur Haltung als zahme Haustiere geeignet seien als weibliche. Nach meinen Erfahrungen werden diese aber genauso zahm. Wie bei anderen Papageien gibt es große individuelle Unterschiede; manche Tiere, auch in Gefangenschaft geborene, bleiben reserviert und sind unberechenbar (Müller-Bierl 1983). Vertraute

Vögel sind in der Regel gegenüber jedermann freundlich, auch fremde Personen können sie auf die Hand nehmen. Selbst während der Brutzeit werden sie nicht aggressiv, und der Pfleger kann gefahrlos die Voliere betreten, was bei brütenden zahmen Graupapageien oder Amazonen nicht immer möglich ist, da diese oft sofort zum Angriff übergehen. Wer also Wert auf zahme Hausgenossen legt, dem können Edelpapageien empfohlen werden. Allerdings sollten sie auch dann paarweise gehalten und ihnen viel Bewegungsfreiheit eingeräumt werden.

Ein großes Problem, das auch bei der Pflege von Edelpapageien in Volieren, also nicht bei Einzelhaltung, auftritt, ist das Rupfen. Selbst bei Paaren, die schon gemeinsam Jungtiere aufgezogen haben, kann auf einmal einer der Partner anfangen, sich die Federn abzubeißen oder auszureißen. Die Ursachen hierfür sind unbekannt, sind aber mit hoher Wahrscheinlichkeit psychischer Art. Edelpapageien gehen im Freiland sehr wahrscheinlich keine lebenslange Paarbindung ein (siehe auch Kapitel Balzverhalten und Brut). Es wäre daher denkbar, daß das ständige Zusammenhalten eines Paares auf engem Raum für manche Tiere eine Streß-Situation darstellt, die schließlich zum Rupfen führt. Man kann versuchen, ob durch eine vorübergehende (zumindest optische) Trennung der Vögel das Einstellen dieses Verhaltens erreicht wird oder ob ein Partnertausch einen positiven Einfluß hat.

Zucht

Edelpapageien schreiten meist bereitwillig zur Brut. Schon im vergangenen Jahrhundert wuchsen die ersten Halmahera-Edelpapageien in Gefangenschaft auf (Neunzig 1921). Zu Beginn dieses Jahrhunderts und nach dem Zweiten Weltkrieg wurden zunächst nur vereinzelt weitere Erfolge bekannt (de Grahl 1974). Ab Anfang der 70er Jahre konnten dann regelmäßige Zuchterfolge verzeichnet werden. Durch die Namensverwirrung und ungenügende Beschreibung der Vögel ist heute teilweise nicht mehr nachvollziehbar, welche Unterarten in Gefangenschaft gebrütet haben (Prestwich 1969).

Der einzige mir bekannte Bericht über die Zucht von Ceram-Edelpapageien kommt aus England (Howard 1969). Die Zugehörigkeit der Zuchttiere zur Nominatform ist allerdings nicht zweifelsfrei (Prestwich 1969).

Am häufigsten brüteten Halmahera-Edelpapageien (Grummt 1973; Low 1976 a, 1976 b, 1980; Reubold & Stahl 1978; Repp & Repp 1980; Müller-Bierl 1985; Pfeffer 1988) und Neuguinea-Edelpapageien (Indge 1953; de Grahl 1969; Müller-Bierl 1983, 1985). Die Vögel, die bei mir seit 1975 erfolgreich brüten, gehören ebenfalls der Unterart *polychloros* an und nicht, wie irrtümlich berichtet, der Unterart *aruensis* (Fergenbauer 1979). Das von de Grahl für Aru-Edelpapageienweibchen als typisch beschriebene Merkmal, die deutlichen grünen Federsäume an den Außenfahnen der Handschwingen, ist eben nicht für diese Subspezies charakteristisch, sondern tritt auch bei *polychloros* auf (siehe Beschreibung).

In den letzten Jahren gelang einige Male die Zucht von Salomon-Edelpapageien (Burkard 1980, Bankowitsch 1988). Queensland-Edelpapageien brüteten 1944 in Australien und Neuseeland (Grummt 1973).

Burkard (1980) hielt acht Paare Salomon-Edelpapageien in einer 6 m^2 großen Innenvoliere mit anschließender, 16 m^2 großer Außenvoliere. Es kam in der Gruppe nie zu ernsthaften Streitereien. Auch nachdem Nisthöhlen aufgehängt waren, konnte bei der Brutstättenwahl keine Aggressivität zwischen den Vögeln festgestellt werden. Als großer Vorteil der Gruppenhaltung ist natürlich die Möglichkeit der freien Partnerwahl anzusehen. Einige Paare schritten zur Brut, die Erfolge zumindest im ersten Zuchtjahr waren aber eher bescheiden: Nur in zwei Nestern wurde je ein Jungtier gefüttert. Low (1989) gibt ergänzende Informationen zu dem von Burkard durchgeführten Versuch der Gruppenhaltung: Nur das dominante Männchen paarte sich mit allen Weibchen, die anderen Männchen wurden, solange sie sich unterordneten, toleriert. Keines der Weibchen fütterte seine Küken länger als 2 oder 3 Wochen, so daß alle Jungtiere von Hand aufgezogen werden mußten.

Im Zoo von Sydney, Australien, in dem vierzehn Paare Edelpapageien in einer sehr großen Anlage zusammenlebten, wurden die Jungtiere zwar bis zum Flüggewerden von den Eltern versorgt, nach dem Ausfliegen verloren aber die Altvögel den Kontakt zu ihrem Nachwuchs, und die kleinen Edelpapageien mußten bis zum Selbständigwerden von den Pflegern gefüttert werden (Low 1989).

Diese beiden Berichte zeigen, daß man zwar mehrere Paare Edelpapageien in großen Gehegen zusammen halten kann,

A–F: Phasen der Balz der Edelpapageien; Erläuterungen siehe Text.

C

D

E

F

daß aber, wenn man an Fortpflanzungserfolgen interessiert ist, eine paarweise Unterbringung vorzuziehen ist.

Da *Eclectus* in Gefangenschaft zu jeder Jahreszeit brütet, kann man in der Regel, zumindest bei erwachsenen und bruterfahrenen Tieren, den Beginn der Balz durch das Anbieten einer Nistmöglichkeit auslösen. Die Verhaltensänderungen erfolgen meist sehr schnell. Weibchen, die zuvor ihren Partner noch attackierten, werden friedlich und betteln ihn an. Low (1976 a) konnte ein Paar Halmahera-Edelpapageien überhaupt nur während der Balz- und Brutzeit zusammen halten, da das Weibchen ansonsten das Männchen so vehement angriff, daß die Gefahr bestand, daß der Vogel verletzt oder gar getötet würde.

Bei der Balz verhält sich das Weibchen passiv, es bettelt das Männchen in geduckter Haltung und mit geöffnetem Schnabel, meist leise fiepende Laute ausstoßend, um Futter an (Zeichnung A). Teilweise folgt es auch bettelnd dem Partner. Das Männchen läuft auf das Weibchen zu, verbeugt sich und hebt dabei leicht die Flügel an, so daß die roten Körperseiten aufleuchten (Zeichnung B). Es springt kurz zurück, nähert sich wieder und bleibt mit leicht vom Körper abgestellten Flügeln neben oder vor dem Weibchen sitzen. Während sich die Pupillen schnell verengen und wieder erweitern, bewegt das Männchen den Kopf meist ruckartig hin und her, unter gleichzeitiger Verlagerung des Körpergewichts von einem Fuß auf den anderen. Dabei werden mit dem Schnabel knackende Laute erzeugt. Anschließend wird, oft mit übertriebenen Bewegungen, Futter hochgewürgt und dem Weibchen übergeben (Zeichnung C). Danach lehnt das Männchen seinen Kopf an den Hals der Partnerin und stößt eine schnelle Serie von Lauten aus, die in der Höhe nicht variieren oder auch eine Folge von vier oder fünf hohl klingenden Rufen, bei denen der erste tiefer ist als die folgenden. De Grahl (1969) beschreibt diese mit „gong-gong-gong“. Darauf springt das Männchen ein Stück zur Seite und hebt dabei kurz die Flügel an. Dieser Vorgang kann sich mehrmals wiederholen, zwischendurch klopft das Männchen mit dem Schnabel auf die Sitzstange.

Anschließend an eine Fütterung kommt es zur Kopulation, zu der das Weibchen auffordert, indem es sich flach auf den Ast duckt, den Kopf zurücklegt und eine Serie von keckernden Lauten von sich gibt. Das Männchen steigt mit beiden Füßen auf den Rücken des Weibchens und führt seinen Schwanz seitlich unter den der Partnerin. Dabei wechselt es mehrmals die Seite. Führt es den Schwanz links an dem des Weibchens vorbei, stützt es meist den linken Flügelrand auf den Ast und lehnt seinen Kopf an die rechte Halsseite der Partnerin und umgekehrt (Zeichnung D). Nach beendeter Kopulation, die bis zu 5 Minuten dauern kann, springt das Männchen vom Weibchen herunter, und die Tiere verharren kurz (Zeichnung E). Das Weibchen entfernt sich schließlich in geduckter Haltung (Zeichnung F) und verschwindet meist für einige Zeit im Nistkasten, während das Männchen sein Gefieder pflegt.

Bankowitsch (1988) konnte bei keinem seiner Edelpapageienpaare sehen, daß das Männchen mit beiden Beinen auf den Rücken des Weibchens stieg. Seine Tiere kopulierten in der für Neuweltpapageien typischen Weise: Mit einem Fuß hielt sich das Männchen im Rückengefieder der Partnerin fest, der andere Fuß umklammerte den Sitzast.

Während der Balzzeit kann man beobachten, daß sich die Vögel gegenseitig Kopf und Hals kraulen – dies beschreiben auch Cain & Galbraith (1956) bei Salomon-Edelpapageien im Freiland. Allerdings ist das Kraulen sehr oberflächlich und schlägt leicht in aggressives Verhalten um.

Meist 14 bis 21 Tage nach Beginn der Balz wird das erste Ei gelegt, dem in der Regel nach 3 Tagen, seltener nach 2 Tagen (Low 1980, Pfeffer 1988), ein zweites Ei folgt. Neun von mir vermessene Eier von Neuguinea-Edelpapageien hatten eine Durchschnittsgröße von 42,0 × 31,5 mm (40,0 – 43,0 × 30,5 – 32,4 mm). Normalerweise umfaßt das Gelege 2 Eier, zuweilen werden 1 oder 3 Eier gelegt. Es liegen bisher keine Berichte aus dem Freiland über Nester vor, die 3 Eier oder Junge enthielten.

Nach der Ablage des ersten Eies beginnt das Weibchen, allein zu brüten. Bei meinen Tieren konnte ich beobachten, daß die Weibchen in den ersten Tagen sehr viel lockerer brüten, wenn das Vollgelege 3 Eier umfaßt. Während der Brutzeit versorgt das Männchen die Partnerin, die die Höhle meist nur ein- oder zweimal am Tag verläßt, um Kot abzusetzen und eventuell zu trinken, mit Nahrung. Es hält sich oft in der Nähe des Nistkastens auf, um das Weibchen auf Bettellaute hin entweder im Nest oder im Höhleneingang zu füttern. Bei manchen Paaren dürfen die Männchen nie ins Nest einschlüpfen, sie werden sofort vertrieben. Bei anderen verbringen sie sogar einige Zeit des Tages gemeinsam mit dem Weibchen in der Höhle.

Während der Brut sollte im Raum eine relative Luftfeuchtigkeit von etwa 70 % eingehalten werden, da es sonst vorkommen kann, daß die fertig entwickelten Küken nicht aus dem Ei schlüpfen können und sterben (siehe Kapitel Balzverhalten und Brut).

Die Brutdauer beträgt meist 28, manchmal bis zu 30 Tagen. Haut und Hornstrukturen der frisch geschlüpften Küken, die etwa 16 g wiegen, sind fleischfarben, nur die Augen schimmern dunkel durch die geschlossenen Lider (Entwicklung des Körpergewichts siehe Graphik). Der Rücken trägt sehr spärliche, weiße, haarähnliche Dunen. Edelpapageien sitzen vom ersten Tag an aufrecht und heben den Kopf. Ich konnte beobachten, daß Küken bereits im Alter von 2 Tagen Putzbewegungen ausführten. Die Bettellaute sind anfangs hell und werden im Verlauf der ersten 2 bis 3 Wochen dunkler und rauher.

In den ersten 2 Wochen nach dem Schlupf der Jungen nehmen die Weibchen weiterhin kaum Nahrung selbst auf, sondern werden von den Männchen gefüttert. Die Bettellaute, die die Weibchen jetzt ausstoßen, sind sehr hoch und durchdringend und über weite Strecken zu hören. Bei vielen Paaren beteiligen sich die Männchen an der direkten Versorgung der Jungtiere, wenn diese 8 oder 9 Wochen alt sind, manchmal auch erst nach deren Flüggewerden. Low (1980) dagegen berichtet, daß ihr Männchen die Küken ab einem Alter von 3 oder 4 Tagen, möglicherweise sogar vom Schlupf an, direkt füttert.

Bei einem abwechslungsreichen Nahrungsangebot ist kein spezielles Aufzuchtfutter erforderlich, man sollte aber auf eine ausreichende Versorgung der Vögel mit tierischem Eiweiß achten (siehe Kapitel Ernährung).

Bei 5 Tage alten Küken schimmern die Federanlagen der Dunen durch die Haut. Ab dem 7. Tag färben sich Ober- und Unterschnabel von der Basis her dunkel, gleichzeitig werden auch die Krallen schwarz. Vom 9. Tag an werden Pigmente in die Haut eingelagert: Zehen und Lauf und zunächst der Oberkopf werden dunkel. Nach 10 bis 12 Tagen sind die Augen schlitzartig geöffnet, und die anthrazitfarbenen Dunen brechen durch. Ab dem 16. Tag schieben sich die Konturfedern durch die Haut; es wachsen zuerst die Schulterfedern und Armschwingen. In diesem Alter fassen die Küken schon gut mit den Zehen zu und halten sich fest. Das Weibchen hudert nicht mehr und sitzt tagsüber oft vor dem Höhleneingang, übernachtet aber bis

1

2

3

4

7

5

8

6

Entwicklung von Neuguinea-Edelpapageien.
1: 5 Tage alt. Deutlich sind die beim Schlupf vorhandenen, spärlichen haarähnlichen Dunen zu erkennen.
2: 9 Tage alt.
3: 12 Tage alt.
4: 17 Tage alt.
5: 27 Tage alt.
6: 35 Tage alt.
7: 53 Tage (Weibchen) und 56 und 58 Tage alt.
8: 11 Wochen alt.

zum Flüggewerden bei den Jungen. Manche Weibchen bleiben während der gesamten Nestlingszeit des Nachwuchses im Brutstamm und verlassen ihn nur zur Nahrungsaufnahme und zur Kotabgabe.

In der Regel brechen bei 21 bis 23 Tage alten Edelpapageien die Federscheiden der Schulterfedern auf und lassen das Geschlecht der Küken erkennen. In diesem Alter ist das Dunenkleid fertig ausgebildet, Stirn und Wangen tragen keine Dunen. Füße und Krallen sind dunkelgrau. Nur noch die Spitze des Oberschnabels ist gelb, der Schnabel ansonsten bei beiden Geschlechtern schwärzlich.

Nach 25 Tagen wirkt das Gesicht der Jungvögel durch die Federkiele „igelig". Die Entwicklung des Gefieders geht schnell voran, bei gut 5 Wochen alten Tieren sind die Kopf- und Flügeldeckfedern fast fertig.

Ab dem 40. Lebenstag erscheinen manche Jungtiere bereits im Nistkasteneingang, 10 Tage später werden sie auch im Schlupfloch sitzend gefüttert. Etwa in diesem Alter ist das Federkleid nahezu vollständig ausgebildet. Schwung- und Schwanzfedern sind allerdings noch nicht ausgewachsen, und an den Flanken sind die Konturfedern noch spärlich.

Mit 9 bis 11 Wochen verlassen die Edelpapageien den Nistkasten. Sehr viele Jungtiere suchen die Höhle auch zum Schlafen nicht mehr auf.

Ab der 4. Lebenswoche lassen die kleinen Papageien neben den Bettelrufen eine Reihe von anderen Lauten hören, die mehrmals am Tag in längeren, zusammenhängenden Serien vorgetragen werden. Direkt nach dem Ausfliegen sind diese „Gesänge" nicht mehr zu hören, nur Bettellaute werden ausgestoßen. Erst einige Zeit später sind die Tonfolgen wieder vernehmbar. Dieses Verhalten erscheint im Freiland sinnvoll, da die anfangs noch nicht so fluggewandten Vögel sonst akustisch auf sich aufmerksam machen würden. (Geschlechtsreife Edelpapageien „singen" offenbar nicht mehr.)

Nach dem Ausfliegen werden die Jungtiere noch etwa 3 Wochen, in Einzelfällen auch sehr viel länger, von den Eltern gefüttert. Sie fangen aber schon wenige Tage nach dem Verlassen der Bruthöhle an, selbständig Nahrung aufzunehmen. Zuerst werden meist Obst und Beeren, später dann Keimfutter gefressen.

Neuguinea-Edelpapageienpaar mit 40 Tage altem Jungtier. Die meisten Jungvögel zeigen sich erst im Schlupfloch, wenn sie älter sind.

Je nach Temperament der Altvögel müssen die Jungen mit 14 bis 15 Wochen von ihnen getrennt werden, zumal häufig bereits das nächste Gelege bebrütet wird. Manche Weibchen werden spätestens dann dem Nachwuchs gegenüber aggressiv, andere dulden sogar, daß die Jungen sich mit der brütenden Mutter zusammen im Nest aufhalten.

Edelpapageien reihen meist eine Brut an die andere. Man sollte ihnen aber nach zwei, spätestens nach drei Bruten eine Pause gönnen, um vor allem die Weibchen nicht zu erschöpfen. Im Freiland wird die Fortpflanzungszeit wohl über den Wechsel im Nahrungsangebot reguliert. In Gefangenschaft muß man die Tiere durch das Abhängen der Höhle zu einer Pause zwingen. In der Regel beginnt schon direkt nach dem Ausfliegen der Jungen ein neuer Fortpflanzungszyklus. Entfernt man den Nistkasten einige Tage nach deren Flüggewerden, werden die Eier des nächsten Geleges trotzdem ausgebildet und auf den Käfigboden

Mischlingsweibchen Halmahera- × Neuguinea-Edelpapagei. Tiere aus einer Verpaarung zweier Unterarten vereinigen Gefiedermerkmale beider Formen in sich (Beschreibung siehe Text).

gelegt. In diesem Fall ist es wahrscheinlich besser, man läßt das Weibchen die Eier in die Höhle legen und entfernt diese dann samt Gelege für einige Monate aus der Voliere. Ein Neuguinea-Edelpapageienweibchen brütet bei mir seit 16 Jahren regelmäßig, jeweils mit längerer Pause nach maximal drei Fortpflanzungszyklen. Ich bin sicher, daß bei pausenlosem Einsatz die Gesundheit des Vogels gelitten hätte.

Leider gibt es in Gefangenschaft etliche Edelpapageienpaare, deren Partner verschiedenen Unterarten angehören, meistens den Subspezies *polychloros* (Neuguinea-Edelpapagei) und *vosmaeri* (Halmahera-Edelpapagei). Die Jungtiere aus solchen Verbindungen vereinigen die Merkmale beider Unterarten in sich, und spätestens, wenn ein Weibchen aufgezogen wird, muß ein Züchter dies erkennen, da Mutter und Tochter in der Färbung voneinander abweichen. Bedauerlicherweise sind viele Halter aber nicht bereit, die Elterntiere dann zu trennen und jeweils passende Partner zu suchen.

Mischlingsweibchen aus der Verpaarung von *polychloros* und *vosmaeri* haben ein violettblau gefärbtes Bauchgefieder, das mit einer deutlichen Abgrenzung in das rote Brustgefieder übergeht, wobei die Brust meist nicht das klare Rot der Neuguinea-Edelpapageienweibchen zeigt. Über den hinteren Hals und Vorderrücken zieht sich ein breites violettblaues Band. Der Ring blauer Federn um die Augen fehlt in der Regel vollständig, manchmal sind einige blaue Federchen zu sehen. Am deutlichsten aber weicht die Färbung der Schwanzfedern und Unterschwanzdecken ab: Der Spitzenbereich der Steuerfedern ist kräfig rötlichorange bis rötlichgelb, die Spitzen können auch mehr oder weniger breit rein gelb sein. Die Unterschwanzdecken sind rot und gelb vermischt, wobei der jeweilige Anteil der beiden Farben von Tier zu Tier schwanken kann. (Die Färbung von Schwanz- und Unterschwanzdeckfedern erinnert oft an die von Ceram-Edelpapageienweibchen.) Die Iris ist gelblich.

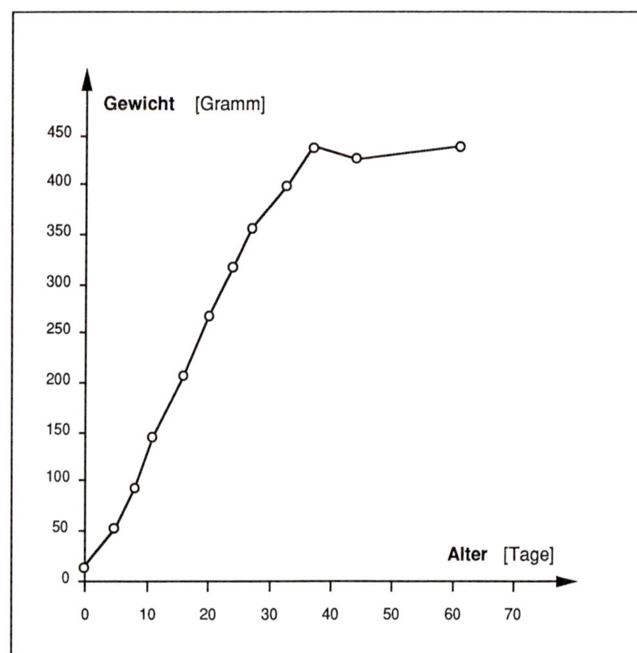

Gewichtsentwicklung eines von seinen Eltern aufgezogenen Neuguinea-Edelpapageienmännchens.

Nicht ganz so einfach lassen sich Mischlingsmännchen erkennen, da bei männlichen Edelpapageien die Färbungsunterschiede zwischen den Subspezies nicht so gravierend sind. Das Gefieder der Vögel ist heller grün mit gelblichem Schimmer, ähnlich dem der Halmahera-Edelpapageien. In der Regel tragen die Außenfahnen der Handschwingen und Handdecken deutliche grüne Federsäume, wie bei Neuguinea-Edelpapageien. Die Iris ist orangegelb gefärbt (Bankowitsch 1988).

Es ist also in jedem Fall ratsam, sich beim Kauf von jungen Edelpapageien deren Eltern anzusehen, um sicher zu sein, daß man keine Mischlingstiere erwirbt. Allerdings muß man auch berücksichtigen, daß innerhalb der einzelnen Unterarten eine gewisse Schwankungsbreite hinsichtlich der Färbung und der Körpergröße existiert (siehe Abschnitt Beschreibung).

Unterscheidungsmerkmale der Unterarten von *Eclectus roratus*-Weibchen

Unterart	Gefieder-farbe	Blauer Augenring	Schwanzfedern	Unterschwanz-decken	Saum der Außen-fahne der Handschwingen	Mittlere Flügellänge (F) (mm)
E. roratus roratus	dunkelrot und blauviolett	fehlt	dunkelrot, gelber Endsaum	rot, gelb verwaschen	grün	230,8
E. roratus vosmaeri	rot und violett	fehlt	rot, breites gelbes Spitzenband	gelb	nicht grün	260,4
E. roratus westermani	wie *roratus*					216,4
E. roratus cornelia	rot	fehlt	dunkelrot, Spitzen heller rot	rot	türkisgrün	253,8
E. roratus riedeli	rot	fehlt	rot, breites gelbes Spitzenband	gelb	?	214,0
E. roratus polychloros	rot und blau	schmal	dunkelrot, breites hellrotes Spitzenband	hellrot	grün	245,8
E. roratus biaki	wie *polychloros*					215,5
E. roratus aruensis	rot und blau	schmal	dunkelrot, breites hellrotes Spitzenband mit orange schimmerndem Endsaum	hellrot, teils mit gelblichen Spitzen	grün	259,4
E. roratus macgillivrayi	rot und blau	etwas breiter als bei *polychloros*	dunkelrot, breites hellrotes Spitzenband	hellrot	grün	277,3
E. roratus solomonensis	leuchtend rot und blau	breit	dunkelrot, breites hellrotes Spitzenband	hellrot	grün	227,2

Unterscheidungsmerkmale der Unterarten von *Eclectus roratus*-Männchen

Unterart	Gefieder-farbe	Schwanzoberseite mittlere Federn	Schwanzoberseite äußerste Feder	Saum der Außen-fahne der Handschwingen	Mittlere Flügellänge (F) (mm)
E. roratus roratus	dunkelgrün	grün, schmaler olivgelber Endsaum	Außenfahne Spitzenbereich blau-schwarz, zur Basis hin schwarz-grün, schmaler gelblicher Endsaum	grün	241,6
E. roratus vosmaeri	grün mit gelblichem Schimmer	grün, schmaler hellgelber Endsaum	Außenfahne dunkelblau, hellgelber Endsaum	nicht grün (manch-mal angedeutet)	272,6
E. roratus westermani	dunkelgrün	grün, schmaler gelber Endsaum	Außenfahne mehr oder weniger dunkelblau, schmaler gelber Endsaum	grün	219,4
E. roratus cornelia	dunkelgrün	grün, großer blauer Endfleck, schmaler gelbrötlicher Endsaum	leuchtend blau, schmaler gelbrötlicher Endsaum	grün bis türkisgrün	266,8
E. roratus riedeli	dunkelgrün	grün, breites kräftig-gelbes Spitzenband	Außenfahne blau, grün über-haucht, Innenfahne grün, breites gelbes Spitzenband	türkis	216,9
E. roratus polychloros	dunkelgrün	grün, blauer Endfleck, gelber Endsaum	Außenfahne dunkelblau, zur Basis hin blauschwarz, Innenfahne Spitzenbereich dunkelblau, sonst schwärzlich, gelber Endsaum	grün	256,2
E. roratus biaki	wie *polychloros*				237,3
E. roratus aruensis	dunkelgrün	grün, blauer Endfleck, gelber Endsaum	Außenfahne dunkelblau, zur Basis hin blauschwarz, Innenfahne Spitzenbereich dunkelblau, sonst schwärzlich, gelber Endsaum	grün	267,3
E. roratus macgillivrayi	dunkelgrün	grün, blauer Endfleck, schmaler blaßgelber Endsaum	Außenfahne dunkelblau, Innen-fahne dunkelblau, Endsaum gelb, blau überhaucht	grün	287,4
E. roratus solomonensis	grün mit gelblichem Schimmer	grün, gelber Endsaum	Außenfahne blau, zur Basis hin blaugrün, Innenfahne Spitzenbe-reich dunkelblau, sonst bläulich-dunkelgrün, gelber Endsaum	grün bis türkis	253,6

Auf Sumba konnten Schwarzschulterpapageien *(Tanygnathus megalorhynchos sumbensis)* beim Fressen der Blüten von Korallenbäumen *(Erythrina* sp.) beobachtet werden. ▶

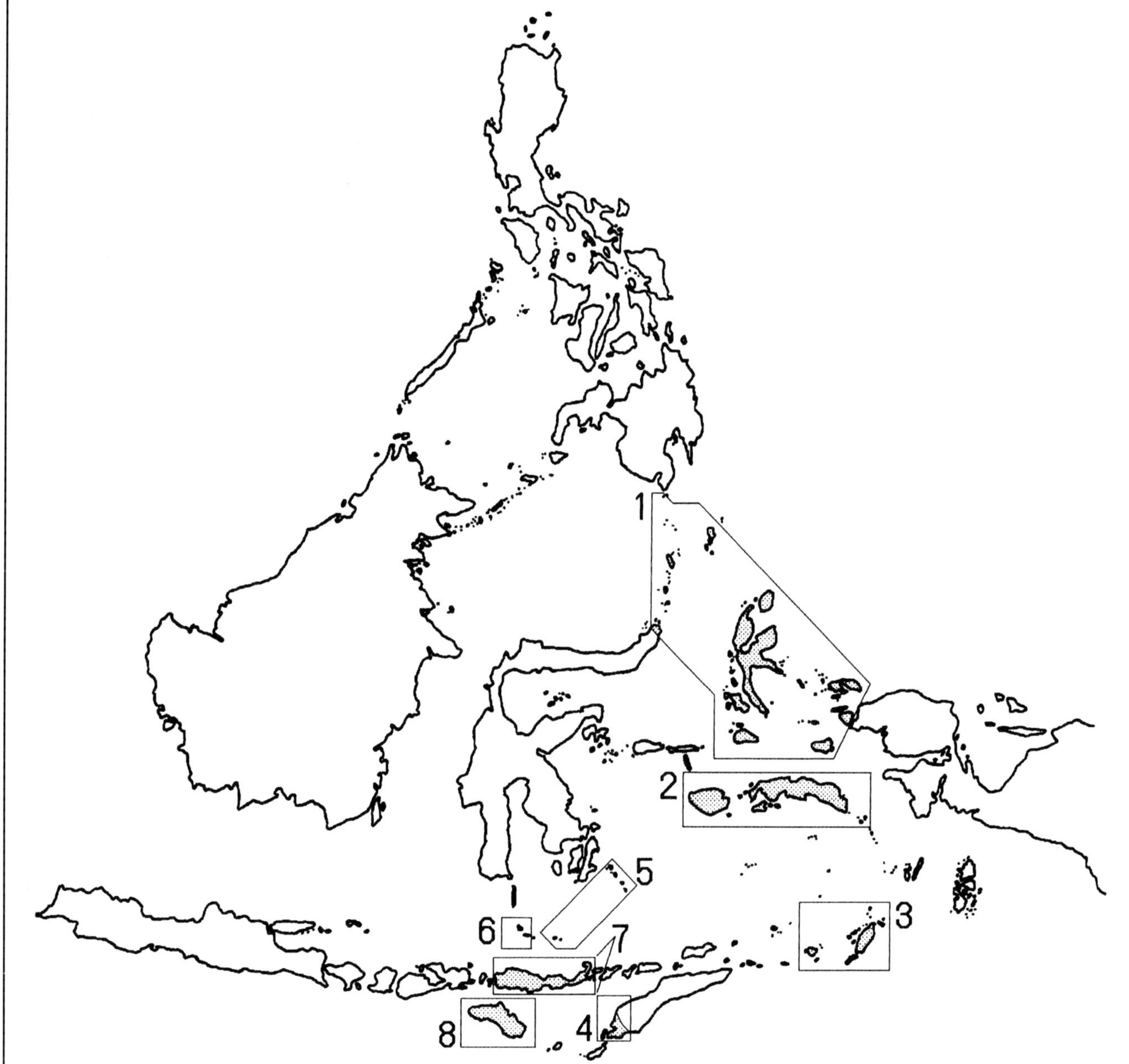

Verbreitungsgebiete der Unterarten von *Tanygnathus megalorhynchos*. 1: *megalorhynchos*, 2: *affinis*, 3: *subaffinis*, 4: *hellmayri*, 5: *viridipennis*, 6: *djampeae*, 7: *floris*, 8: *sumbensis*.

Gattung *Tanygnathus* Wagler, 1832

Die Papageien dieser Gattung sind mittelgroße bis große Vögel mit zum Teil mächtigen Schnäbeln. Sie haben einen relativ kurzen, gerundeten Schwanz, vor allem die beiden äußeren Steuerfederpaare sind kürzer. Die Schwanzfedern enden in einer abgerundeten Spitze. Ein schmaler Streifen der Wachshaut ist unbefiedert, und die Nasenlöcher liegen frei. Um die Augen befindet sich ein kleiner nackter Bereich.

Finsch (1868) vereinigte *Tanygnathus* mit der Gattung *Eclectus*. Nach Thompson (in Homberger 1980) bestehen in der Schädelmorphologie gewisse Ähnlichkeiten zu *Eclectus*, in viel stärkerem Maße aber zu *Psittacula*.

Schwarzschulterpapageienmännchen *(T. megalorhynchos megalorhynchos)*.

Tanygnathus megalorhynchos (Boddaert, 1783) – Schwarzschulterpapagei

1. *T. megalorhynchos megalorhynchos*

Gesamtlänge: 41 cm.

Beschreibung: Adulte Tiere: Kopf, vorderer Vorderrücken und Oberschwanzdecken leuchtend grün; hinterer Vorderrücken mattgrün, Spitzen der Federn hellblau gesäumt; Hinterrücken und Bürzel leuchtend hellblau; Unterseite gelbgrün, Schenkel, Afterregion und Unterschwanzdecken grün; Unterflügeldecken und Körperseiten gelb; Hand- und Armschwingen meerblau, Innenfahnen mit breitem schwarzem Rand, Außenfahnen mit schmalem grünem Außensaum, Spitzen der Handschwingen grün, Außenfahnen der 4 inneren Armschwingen grünlich mit gelbem Saum; Hand- und große Armdecken meerblau, die letzten 4 bis 5 Armdecken grün mit blauen Spitzen und gelbgrünem Saum an Innen- und Außenfahne; Schulterfedern schwarz mit blauen Spitzen; kleine Flügeldecken schwarz, die kleinsten am Flügelbug ganz schwarz, die folgenden schwarz mit blauem Saum; mittlere Flügeldecken schwarz mit breitem, kräftig gelbem Saum; Schwanzfedern (Oberseite): die beiden mittleren grün mit gelbgrüner Spitze, die übrigen grün mit gelbgrüner Spitze, dabei Außenfahnen mit schmalen gelblichgrünen Säumen, Innenfahnen mit grüngelbem Spitzenbereich und breiten gelblichen Säumen, die zur Federbasis in breite dunkelgraue Säume übergehen; Schwanzunterseite olivgelb; Schnabel kräftig rot, Spitze des Oberschnabels weißlichrot; nackter Augenkreis grauschwärzlich; äußerer Irisring gelblichweiß; Füße dunkelgrau bis bräunlichgrau.

Männchen und Weibchen unterscheiden sich in der Färbung nicht, letztere sind jedoch meist kleiner und haben einen kleineren Kopf und Schnabel (Delacour & Mayr 1946), vor allem ist der Schnabel schmaler. Hartert (1896 a) weist darauf hin, daß, unabhängig vom Geschlecht der Tiere, die Variationsbreite in der Größe bei dieser Art bemerkenswert ist.

Männchen: Flügellänge 250 und 251 mm, (F) 243,8 mm; Schnabellänge 48 und 52 mm; Schnabelbreite 29 und 30 mm.

Schwarzschulterpapageien *(T. megalorhynchos).* Das Gefieder der Nominatform *megalorhynchos* (jeweils oben) zeigt im Gegensatz zu dem von *affinis* (jeweils unten) einen deutlichen Gelbschimmer.

Weibchen: Flügellänge 248 mm, (F) 238,4 mm; Schnabellänge 44 und 49 mm; Schnabelbreite 26 und 27 mm.

Das Körpergewicht zweier frisch importierter, kranker Weibchen lag bei 230 g und 250 g (Smith 1979), gesunde Tiere sind mit Sicherheit deutlich schwerer.

Jungtiere: Färbung wie Adulte, aber Schulterfedern und kleine Flügeldecken nicht so schwarz und mehr grünlich, die Säume der mittleren Flügeldecken blasser gelb (Salvadori 1891).

Verbreitung: Inseln westlich von Neuguinea (Gebe, Waigeo, Batanta, Salawati, Misool und andere kleine Inseln; Beehler et al. 1986), nördliche und zentrale Molukken (Morotai, Halmahera, Bacan, Obi und einige kleinere Inseln), Talaud- und Sangihe-Inseln und einige kleinere Inseln nordöstlich von Sulawesi (früher Celebes), Nord-Sulawesi (Escott & Holmes 1980) und Balut vor der Südküste von Mindanao, Philippinen (Delacour & Mayr 1946).

2. *T. megalorhynchos affinis*

Beschreibung: Kopfgefieder grün mit blauem Schimmer, Hals leuchtend grün; Unterseite grün mit nur schwachem gelblichem Schimmer, Federn des unteren Bauches teilweise mit blauen Spitzen; Unterflügeldecken und Körperseiten gelblich; Schwungfedern grün, längs des Schaftes blau überhaucht, Außenfahnen mit schmalem gelblichem

Flügelzeichnung von Schwarzschulterpapageien. Oben und Mitte *megalorhynchos* mit schwarzen, teilweise blau gesäumten kleinen Flügeldecken, unten *affinis* mit grünen, blau gesäumten kleinen Flügeldecken (ohne Schwarz!).

Außensaum; kleine Flügeldecken und Schulterfedern grün mit blauen Spitzen (nicht schwarz!); Säume der mittleren Flügeldecken bräunlichgoldgelb.

Flügellänge: Männchen 241 mm, (F) 241,9 mm;
Weibchen (F) 232,7 mm.

Verbreitung: Südliche Molukken: Buru, Seram (früher Ceram), Amboina, Haruku, Seram Laut.

3. *T. megalorhynchos subaffinis*

Beschreibung: Ähnlich *affinis,* aber Vorderrücken und Unterseite mehr gelblichgrün, Federn des Vorderrückens nur angedeutete oder keine blauen Säume; Säume der Federn an Hinterrücken und Bürzel sehr hell blau; Oberschwanzdecken gelblichgrün; Unterflügeldecken bläulich; Handschwingen grün; kleine Flügeldecken nahe Flügelrand blau; mittlere Flügeldecken grün (ganz ohne schwarz) mit blauen Spitzen und blasser gelben Säumen (Salvadori 1891, Hartert 1901 b, Hellmayr 1914, White & Bruce 1986).

Flügellänge: Männchen (F) 239,9 mm;
Weibchen (F) 236,4 mm.

Verbreitung: Babar, Tanimbar-Inseln.

***T. megalorhynchos floris* (links) und *djampeae* (rechts).**

***T. megalorhynchos sumbensis* (links) und *viridipennis* (rechts).**

4. *T. megalorhynchos hellmayri*

Beschreibung: Ähnlich *affinis,* aber Kopfgefieder leicht gelblichgrün; Federn des Vorderrückens ohne blaue Säume; Unterflügeldecken gelb; kleine Flügeldecken nahe Flügelrand grün, nicht blau; Säume der mittleren Flügeldecken schmaler und blaß grünlichgelb statt bräunlichgoldgelb (Hellmayr 1914, Forshaw 1978, White & Bruce 1986).

Flügellänge: Männchen (F) 236 mm;
Weibchen (F) 229 mm.

Verbreitung: Südwest-Timor, Semau.

5. *T. megalorhynchos viridipennis*

Beschreibung: Wie *megalorhynchos,* aber Hand- und Armschwingen grün statt blau.

Flügellänge: Männchen (F) 244,4 mm;
Weibchen (F) 237,1 mm.

Verbreitung: Kalaotoa, Madu und Tukangbesi-Inseln, südlich von Sulawesi.

T. *megalorhynchos hellmayri* **(links) und *subaffinis*** **(rechts).**

6. *T. megalorhynchos djampeae*

Beschreibung: Wie *viridipennis,* aber Unterseite grünlicher; Schwungfedern bläulichgrün, nicht ganz grün (White & Bruce 1986).

Flügellänge: Männchen (F) 242,0 mm;
Weibchen (F) 241,0 mm.

Verbreitung: Tanahjampea (früher Djampea) und Kalao, südlich von Sulawesi.

7. *T. megalorhynchos floris*

Beschreibung: Wie *megalorhynchos,* aber Unterseite weniger gelblichgrün; Bürzel dunkler blau (White & Bruce 1986).

Flügellänge: Weibchen (F) 233,3 mm.

Verbreitung: Flores (Kleine Sunda-Inseln).

8. *T. megalorhynchos sumbensis*

Beschreibung: Ähnlich *megalorhynchos,* aber Unterseite weniger gelbgrün, mehr grünlich, vor allem die Brust ist auffallend grün; Unterflügeldecken grünlichgelb; Federn des Vorderrückens mit breiten blauen Säumen; Hinterrücken und Bürzel kräftig-dunkelblau (Hartert 1896 b).

Flügellänge: Männchen (F) 242,3 mm;
Weibchen (F) 251,0 mm.

Verbreitung: Sumba (Kleine Sunda-Inseln).

Als Beispiel dafür, daß die Diskussionen über die Beziehungen von Arten oder Unterarten zueinander noch lange nicht abgeschlossen sind, gebe ich im folgenden Überlegungen von White & Bruce (1986) wieder.

Bei der Beschreibung der Unterarten wird deutlich, daß sich nur die südöstlichen Subpopulationen des Schwarzschulterpapageis und die der südlichen Molukken deutlich von der Nominatform unterscheiden. Möglicherweise sind in dieser Art zwei Semispezies zusammengefaßt: zum einen ein weitverbreiteter Inselwanderer mit geringfügigen geographischen Variationen, zum anderen Subpopulationen, die stärkere geographische Unterschiede aufweisen und größere Inseln bewohnen. Die Autoren teilen folgende zwei Gruppen ein:

1. Der Inselwanderer *megalorhynchos,* der zwei Variationsformen zeigt: Einerseits die, bei der die normalerweise blaue Zeichnung der Schwungfedern durch eine grüne ersetzt ist. Dies ist ausgeprägt bei Vögeln, die auf den Tukangbesi-Inseln, Madu und Kalaotoa gefunden werden *(viridipennis),* nicht ganz so deutlich bei denen von Tanahjampea und Kalao *(djampeae).* Dieser geringe Färbungsunterschied kann als Inseleffekt angesehen werden und rechtfertigt dann eine formale Abgrenzung der Subpopulationen nicht. Andererseits die Form, bei der die Unterseite weniger gelbgrün, sondern mehr grünlich gefärbt ist. Solche Vögel leben auf Tanahjampea und Kalao *(djampeae)* und Flores *(floris).* Diese Subpopulation ist möglicherweise eine Übergangsform, die zu *sumbensis* überleitet, der insgesamt grüner gefärbt ist und einen dunkler blauen Hinterrücken und Bürzel hat.

2. Zu dieser Gruppe gehören drei sich in der Färbung voneinander unterscheidende Subpopulationen, die aber als gemeinsames Merkmal – im Gegensatz zu *megalorhynchos* mit schwarzen kleinen Flügeldecken – grünlichblaue bis blaue oder grünblaue bis grüne kleine Flügeldeckfedern und Flügelrandfedern haben. *Affinis*

Die Mangrovenwälder der Küstenzonen sind Heimat der Schwarzschulterpapageien.

hat, ähnlich *sumbensis,* eine grünliche Unterseite und grünliche Unterflügeldecken, der Kopf zeigt aber einen deutlichen Blauschimmer. *Hellmayri* unterscheidet sich von *affinis* durch den gelblichgrünen Kopf, durch das Fehlen der blauen Säume der Vorderrückenfedern, die gelben Unterflügeldecken und die blassen, gelblichgrünen Säume der mittleren Flügeldecken. *Subaffinis* ähnelt *affinis,* die Federn des Vorderrückens haben aber keinen oder nur einen geringen blauen Schimmer, die Unterflügeldecken sind bläulich und Hinterrücken und Bürzel sehr hell blau.

Freilandbeobachtungen

Es liegen bisher nur wenige Angaben über Schwarzschulterpapageien vor. Die Vögel leben vor allem auf kleinen Inseln, zwischen denen sie auch hin- und herwandern, und im Küstenbereich großer Inseln. Auf Sumba sind sie Bewohner der Bergregion, sind dort jedoch offenbar selten (Hartert 1896 b). Rensch (in Forshaw 1978) berichtet dagegen, daß er die Papageien in den Bergen von Flores nicht beobachten konnte, sie an der Südküste der Insel aber häufig sind. Auch auf Djampea fand Hartert (1896 a)

***T. megalorhynchos sumbensis*, Weibchen.**

T. megalorhynchos subaffinis.

sie weit verbreitet, während sie in anderen Küstenregionen ihres Wohngebietes eher sporadisch anzutreffen sind (Rothschild & Hartert 1901 a) oder in manchen Gebieten ganz fehlen. Dies hängt wahrscheinlich mit der Verbreitung ihrer Futterpflanzen zusammen. In Küstenwäldern und Mangrovenzonen, in denen *Sonneratia*-Arten, vor allem *S. alba,* häufig sind, kommen auch Schwarzschulterpapageien in hoher Populationsdichte vor. Die großen grünen Früchte dieser Bäume sind eine bevorzugte Nahrung (Stresemann 1914).

Während die Vögel tagsüber einzeln oder in kleinen Trupps unterwegs sind (Beehler et al. 1986), konnte auf Buru beobachtet werden, daß jeden Abend Hunderte von Tieren, jeweils in Gruppen von 20 Individuen und mehr, in die Berge flogen, wahrscheinlich, um dort zu schlafen. Noch bevor die Frühnebel sich aufgelöst hatten, kamen die Papageien morgens zur Küste zurück (Forshaw 1978). Der Flügelschlag ist sehr schnell, und ihr Flugbild hat eine gewisse Ähnlichkeit mit dem von Halsbandsittichen (Lendon 1946). Während des Fluges lassen sie rauhe, klagende Rufe hören (Beehler et al. 1986).

Schwarzschulterpapageien ernähren sich vor allem von

Früchten und Nüssen (Forshaw 1978). Nach Smith (1979) haben sie, ähnlich wie *Eclectus*, einen sehr langen Darm, was darauf hinweist, daß das aufgenommene Futter schwer verdaulich ist. Möglicherweise fressen sie auch rohfaserreiche Blätter und Knospen. Neben *Sonneratia*-Früchten werden vor allem die Früchte eines Baumes, der große, glänzende Blätter hat und ausschließlich entlang der Küste wächst, verzehrt. Die Früchte haben ungefähr die Größe einer Zitrone, das Fruchtfleisch hat eine ähnliche Konsistenz wie Oliven. Die Vögel fressen nur das Fruchtfleisch, die harten, etwa 25 mm langen Samen werden fallengelassen und bedecken den Boden unter den Bäumen. Während der Nahrungsaufnahme sind die Papageien, deren auffallendes Merkmal der große, leuchtend rote Schnabel ist, gut getarnt, da einige Blätter ebenfalls leuchtend rot gefärbt sind (Iredale 1956).

Über die Fortpflanzungsbiologie ist nichts bekannt, selbst über die Jahreszeit, in der die Tiere brüten, liegen keine zuverlässigen Informationen vor. Auf Buru ist die Brutzeit wahrscheinlich im Dezember (Forshaw 1978).

Haltung

Diese imposanten Papageien werden nur selten in Gefangenschaft gepflegt. Der Londoner Zoo hielt bereits 1856 Schwarzschulterpapageien (Neunzig 1921). In der Folgezeit wurden immer nur einige wenige Tiere eingeführt, die aber meistens bald starben (Smith 1979).

In den vergangenen Jahren boten Importeure häufiger Schwarzschulterpapageien an, auch diese Vögel erwiesen sich während der Eingewöhnung als recht empfindlich. Da sie Bewohner feucht-heißer Küstenregionen sind, müssen sie zumindest anfangs bei uns bei Zimmertemperatur gehalten werden. Auch eingewöhnten Tieren sollte man eine Raumtemperatur von wenigstens 15 °C gönnen, obwohl sie sogar schon in ungeheizten Volieren überwintert wurden.

Das Futter sollte sich zum großen Teil aus Früchten und Grünfutter zusammensetzen. Das Körnerfutter, das möglichst angekeimt gereicht wird, sollte wenig fetthaltige Saaten enthalten (siehe Kapitel Ernährung), da die Papageien im Freiland schwerverdauliche Nahrung aufnehmen (Smith 1979).

T. megalorhynchos affinis.

Bei der Fütterung wurden möglicherweise häufig Fehler gemacht, die dazu führten, daß viele Vögel nicht lange in Gefangenschaft überlebten. Der große, mächtige Schnabel verleitet dazu, vor allem Sonnenblumenkerne und Nüsse anzubieten. Dieser fetten und energiereichen Nahrung hält ein auf den Verzehr von Früchten eingestellter Organismus meist nicht lange stand. Man kann aber durchaus hin und wieder Nüsse, insbesondere halbreife Haselnüsse, reichen. Schwarzschulterpapageien fressen letztere, aber auch Eicheln, mit großer Begeisterung (Schmeing, mündl. Mitt.). Tannenzapfen werden auseinandergenommen und

T. megalorhynchos hellmayri.

nach Samen untersucht. Leidner (1984 b) mischt außerdem unter Obst und Körnerfutter ein Eifutter, das sich aus gehackten hartgekochten Eiern, gemahlenem Trockenfutter für Katzen und Hundeflocken zusammensetzt.

Schwarzschulterpapageien sind ruhige Vögel, die ihrem Pfleger gegenüber bald vertraut werden und ihm Futter aus der Hand nehmen (Low 1989). Neben lauten, klagenden Rufen, die nicht sehr häufig zu hören sind, tragen die Vögel einen plaudernden Gesang vor, der mit finkenartigen Pfiffen abwechselt (Leidner 1984 b, Low 1989).

Zucht

Über die vermutlich erste erfolgreiche Brut von Schwarzschulterpapageien in Gefangenschaft berichtet Leidner (1984 b). Er kaufte sein Paar im Frühjahr 1980. Das Weibchen unterschied sich aufgrund des wesentlich kleineren Schnabels deutlich vom Männchen.

Wie bei nicht brütenden *Eclectus*-Paaren war auch bei den Schwarzschulterpapageien das Weibchen dominant. Die Partner hielten stets Abstand zueinander, und das Weibchen hatte an den Futternäpfen das absolute Vorrecht. Dieses Verhalten der Vögel änderte sich auch nicht, als sie im Sommer 1983 in eine größere Voliere (2,0 × 2,0 × 2,0 m) umgesetzt wurden, in der sich eine Naturstammnisthöhle (Innendurchmesser 35 cm, Tiefe 50 cm) befand.

Im Frühjahr 1984 begann das Weibchen, am Kasten zu nagen, und verschwand ab und zu darin. Das Männchen näherte sich der Bruthöhle nie und hielt immer einen Abstand von wenigstens einem Meter. Um so überraschter war Herr Leidner, als er am 4. Mai eine Kopulation beobachten konnte, die ungefähr eine Minute dauerte. In den darauffolgenden zwei Wochen fanden weitere Kopulationen statt. Auch in dieser Zeit war eine größere Harmonie zwischen den Tieren nicht erkennbar.

Am 3. Juni legte das Weibchen das einzige Ei des Geleges. Anfangs wurde es nur stundenweise bebrütet, erst eine Woche später brütete das Weibchen fest und verließ nur zur Futteraufnahme und zum Kotabsetzen das Nest. Nach einer Brutzeit von 27 Tagen schlüpfte das Küken. Es wurde allein vom Weibchen gehudert und gefüttert. Auch nachdem das Jungtier geschlüpft war, konnte nie beobachtet werden, daß sich das Männchen der Höhle näherte oder außerhalb des Nistkastens seine Partnerin fütterte.

Das Küken war nach dem Schlupf nur spärlich mit Dunen bedeckt. Das zweite, hellgraue Dunenkleid hüllte das Junge im Alter von 3 Wochen dicht ein. Der anfangs rosafarbene Schnabel hatte nach 6 Wochen die endgültige rote Farbe angenommen. Nach dem Ausfliegen glich die Gefiederfärbung der der Alttiere, und der Jungvogel unterschied sich nur durch die geringere Körpergröße und die braune Iris von seinen Eltern. Mit gut 13 Wochen war der kleine Schwarzschulterpapagei, ein Weibchen, wie sich später herausstellte, selbständig.

Erst 1988 brüteten die Papageien wieder erfolgreich, in den Jahren zuvor waren die Eier stets unbefruchtet gewesen (Leidner 1988). Die Brut kam zustande, nachdem Ende 1987 wegen Umbauarbeiten an den Volieren zwei Paare,

Junges Weibchen der Nominatform des Schwarzschulterpapageis im Alter von ungefähr 5 Monaten.

das Zuchtpaar und das junge Weibchen, das ein Importmännchen als Partner erhalten hatte, gemeinsam in einer 2,5 × 2,5 m großen Voliere untergebracht werden mußten. Anfangs drohten die Vögel sich hin und wieder an, es kam jedoch nie zu ernsthaften Auseinandersetzungen. Da die beiden Paare sich offensichtlich vertrugen, wurde eine zweite Bruthöhle in der Voliere aufgestellt. Das Zuchtpaar untersuchte beide Stämme gründlich und entschied sich für einen, bei dem das Weibchen auch seinen Stammplatz beanspruchte. Das Männchen hielt sich dagegen meist in der Nähe der beiden anderen Vögel auf. Ende Januar 1988 konnte das Zuchtpaar bei einer Kopulation beobachtet werden, währenddessen die beiden anderen Vögel, ohne zu stören, im Abstand von etwa 30 cm daneben saßen. Ende Februar lagen zwei Eier im Nest. Zwei Junge schlüpften, die im Alter von 20 Tagen zur Handaufzucht aus der Höhle genommen wurden. Bereits 25 Tage später erschien das erste Ei des nächsten Zweiergeleges. In der Zwischenzeit hatte das andere Paar den zweiten Nistkasten besetzt und angefangen zu balzen.

Im darauffolgenden Jahr, 1989, brüteten beide Paare erfolgreich.

Außerhalb der Brutzeiten lockerte sich die Bindung der jeweiligen Partner, und die Männchen schlossen sich zusammen. Die beiden Weibchen drohten sich manchmal an, hielten aber ansonsten Abstand zueinander (Leidner, mündl. Mitt.).

Schwarzschulterpapageien. Das in der Mitte sitzende Weibchen läßt sich aufgrund des kleineren und schmaleren Kopfes und Schnabels von den rechts und links sitzenden Männchen unterscheiden. Der linke Vogel ist ein Jungtier mit noch dunkler Iris.

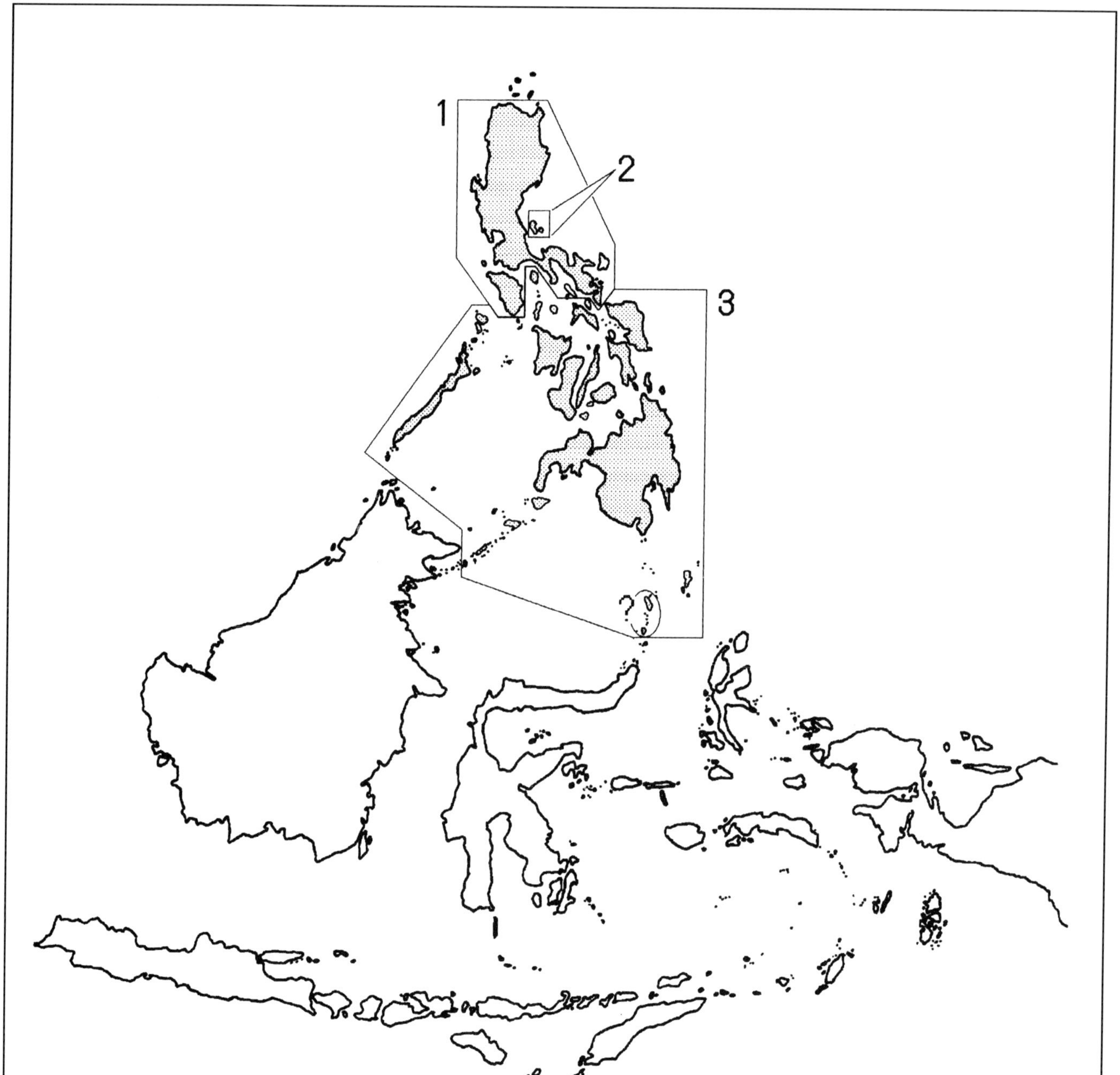

Verbreitungsgebiete der Unterarten von *Tanygnathus lucionensis*. 1: *lucionensis*, 2: *hybridus*, 3: *talautensis*.

Tanygnathus lucionensis (Linné, 1776) – Blauscheitelpapagei

1. *T. lucionensis lucionensis*

Gesamtlänge: 31 cm.

Beschreibung: Männchen: Grün; Unterseite, Nacken und vorderer Vorderrücken gelblichgrün; Bürzel und Oberschwanzdecken leuchtend grün; Federn des Hinterrückens grün mit blauem Saum an den Spitzen (variiert individuell); Stirn und Wangen leuchtend grasgrün, Wangen manchmal mit blauem Schimmer; hinterer Scheitel und Hinterkopf himmelblau, Basis der Federn grün; Unterflügeldecken gelblichgrün; Handschwingen dunkelgrün mit schmalem hellgrünem Saum an den Außenfahnen, Innenfahnen nicht ganz bis zur Spitze schwärzlich; Handdecken bläulichgrün mit schmalem hellgrünem Saum an den Außenfahnen; Armschwingen dunkelgrün mit mehr oder weniger blauem Schimmer, Außenfahnen mit gelbgrünem Saum, Innenfahnen bis auf breiten grünen Spitzenbereich schwärzlich; Federn am Flügelbug und kleine Flügeldecken schwarz, letztere mit schmalem grünblauem Saum; mittlere Flügeldecken schwarzblau mit breiten matt orangegelben bis bräunlichgelben Säumen; große Armdecken an der Basis grün, zur Spitze hin grünblau, mit gelbgrünem Außensaum; Schulterfedern grün mit blauem Endfleck und schmalem hellgrünem Saum; Schwanzfedern (Oberseite): die beiden mittleren dunkelgrün, die übrigen dunkelgrün mit breitem graugelbem Saum an den Innenfahnen; Schwanzunterseite dunkel olivgelb; Oberschnabel kräftig rot, die Spitze gelblich-hornfarben, Unterschnabel blasser rot; nackter Augenring dunkelgrau; äußerer Irisring gelblichweiß, innerer Irisring bräunlich; Füße olivbräunlich.

Flügellänge: 180 und 185 mm, (F) 188,4 mm.

Weibchen: Die Flügelzeichnung ist matter. Kleine Flügeldecken grünlichschwarz; mittlere Flügeldecken schwarz mit dunkelgrünem Schimmer, Außensaum düster messingfarben; Blauanteil auf Flügelfedern geringer; Blau am Kopf meist matter; Schnabel in der Regel etwas heller rot.

Flügellänge: 180 mm, (F) 191,1 mm.

Blauscheitelpapagei ***(Tanygnathus lucionensis lucionensis).***

Körpergewicht: 200 g (Smith 1979).

Jungtiere: Dunkler grün, ohne gelben Schimmer im Nakken und auf der Unterseite; kein Blau am Kopf; Flügeldekken grün mit grünlichgelben Säumen; Hinterrücken mehr oder weniger stark mit Blau überzogen (Salvadori 1891). Schwanzfedern spitz zulaufend und nicht gerundet wie bei Altvögeln, Iris dunkel (Smith 1984).

Verbreitung: Luzon, Mindoro (nördliche Philippinen).

Blauscheitelpapageien *(T. lucionensis lucionensis)*. Bei diesen beiden am Mt. Halcon auf Mindoro gesammelten Vögeln muß es sich, obwohl auf den Etiketten ein entsprechender Hinweis fehlt, um junge Tiere handeln. Beim jeweils unteren Vogel, einem Weibchen, ist das Blau am Kopf erst angedeutet und die kontrastreiche Flügelzeichnung fehlt. Auch beim Männchen, jeweils oben, zeigen Kopf- und Flügelzeichnung noch nicht die Intensität der Alttiere.

2. *T. lucionensis hybridus*

Beschreibung: Adulte ähnlich *lucionensis,* aber Blau am Kopf blasser und auf den Hinterkopf begrenzt; Federn des Hinterrückens grün mit breiten blaßblauen Spitzen; Flügeldecken grün mit gelblichgrünem Saum, am breitesten an mittleren und kleinen Flügeldecken, letztere mit mehr bräunlichem Saum (Forshaw 1978).

Flügellänge: Männchen (F) 194 und 195 mm;
Weibchen (F) 195 mm.

Aufgrund der Beschreibung der Flügelzeichnung ist anzunehmen, daß Forshaw Bälge von Jungtieren zur Untersuchung vorlagen. Nach duPont (1971) unterscheidet sich *hybridus* von der Nominatform vor allem durch weniger und blasseres Blau am Kopf.

Verbreitung: Polillo (Philippinen).

3. *T. lucionensis talautensis*

Beschreibung: Adulte wie *lucionensis,* aber Hinterrücken grün ohne jede Spur von Blau; Ausdehnung von Blau an Scheitel und Hinterkopf variabel, ebenso die Farbintensität dieses Bereiches (Ogilvie Grant 1896).

Flügellänge: Männchen 193 mm, (F) 183,8 mm;
Weibchen 180 und 182 mm, (F) 186,1 mm.

Jungtiere: wie *lucionensis;* bei ihnen ist, im Gegensatz zu den Alttieren, der Hinterrücken blau gefärbt (Meyer de Schauensee & duPont 1962).

Ogilvie Grant (1896) untersuchte Balgserien von einigen Inseln und fand deutliche Unterschiede in der Flügellänge, d. h. die Körpergröße der Vertreter der verschiedenen Subpopulationen variiert.

Verbreitung: Inseln der Zentral- und Süd-Philippinen (Angaben bei Worcester & Bournes 1898 und McGregor & Worcester 1906) einschließlich Palawan und Sulu-Archipel, Mantanani und Siamil und Maratua-Inseln (nordöstlich von Borneo), Talaud-Inseln (nördlich von Sulawesi). Die Nachweise auf Sangihe und Siau sind bisher nicht bestätigt worden (White & Bruce 1986).

Parkes (1971 b) vertritt aufgrund seiner Untersuchungen die Ansicht, daß die Blauscheitelpapageien der Talaud-

T. lucionensis talautensis, **oben Weibchen, unten Männchen. Die Adulten von *talautensis* besitzen, anders als die der anderen Unterarten, einen rein grünen Hinterrücken. Bei Jungtieren ist dieser Bereich dagegen meist blau gefärbt.**

T. lucionensis talautensis. **Bei Blauscheitelpapageien lassen sich die Geschlechter anhand der Flügelzeichnung unterscheiden. Beim Weibchen (oben) ist die Zeichnung matter und der Anteil von Blau geringer als beim Männchen (unten).**

Inseln als eine endemische Unterart von den anderen grünrückigen Subpopulationen abzutrennen sind. Bei den Vögeln der Talaud-Inseln ist das leuchtende Blau am Kopf nicht auf unterschiedlich große Bereiche von Ober- und Hinterkopf beschränkt, sondern dehnt sich über die Wangen und das Gesicht, bei einem Exemplar sogar bis zum Kinn aus. Alle anderen Exemplare irgendeiner Region der Philippinen haben höchstens einen blauen Schimmer auf den Wangen. Parkes schlägt deshalb vor, die Subpopulation der Talaud-Inseln unter *T. lucionensis talautensis* zu führen und alle anderen grünrückigen Subpopulationen unter dem nächstältesten Namen, *T. lucionensis salvadorii,* zusammenzufassen.

Freilandbeobachtungen

Obwohl Blauscheitelpapageien häufig und auf allen größeren Inseln der Philippinen anzutreffen sind (Steere 1894, Whitehead 1899), liegen erstaunlich wenige Informationen über diese Tiere aus dem Freiland vor. Sie sind Bewohner der Tieflandwälder, halten sich aber auch vielfach in offenen Gebieten auf (Delacour & Mayr 1946, White & Bruce 1986). Die Vögel fallen in Felder ein und können in Maispflanzungen beträchtlichen Schaden anrichten. Sie werden meist paarweise oder in kleinen Trupps von bis zu 10 oder 12 Tieren beobachtet (Forshaw 1978).

Blauscheitelpapageien werden in ihren Herkunftsländern gern als zahme Tiere in Gefangenschaft gehalten. Möglicherweise sind die Populationen auf einigen Inseln vor der Küste Borneos von freigelassenen oder entflogenen Käfigvögeln gegründet worden (Smythies 1960).

Zur Nahrung der Papageien im Freiland liegen keine detaillierten Angaben vor. Kleinere Trupps wurden beim Fressen in hohen fruchttragenden Bäumen beobachtet. Sie lassen sich auch in Kokospalmen nieder, um die jungen Früchte zu verzehren (duPont & Rabor 1973). Neben Früchten nehmen sie Beeren, Samen und Nüsse auf (Forshaw 1978).

Der einzige Hinweis zur Brutzeit der Blauscheitelpapageien stammt von Whitehead (1899). Er fand auf Samar im Juni eine große Anzahl brütender Vögel. Sie nisteten in Höhlen in Stämmen alter Bäume.

Blauscheitelpapagei *(T. lucionensis).*

Haltung

Obwohl sie in ihrer Heimat beliebte Käfigvögel sind, wurden immer nur wenige Blauscheitelpapageien exportiert. Der Londoner Zoo pflegte sie 1871 und 1875 (Neunzig 1921), offenbar überlebten die Tiere aber nur kurze Zeit.

Nach FitzGibbon (in Low 1989) sind Blauscheitelpapageien leicht einzugewöhnen und, erst einmal akklimatisiert, als robust zu bezeichnen. Dies aber wohl nur, wenn ihnen ein abwechslungsreiches Futter angeboten wird, das neben Sämereien viel Früchte und Gemüse enthält. Smith (1979) betont ihre große Vorliebe für Grünfutter. Außerdem sollten sie wie alle Vögel der Tropen, vor allem wenn sie Tieflandbewohner sind, in beheizbaren und im Winter entsprechend temperierten Volieren untergebracht werden.

Lord Tavistock (in Low 1989) beschreibt seinen Blauscheitelpapagei, anders als Schwarzschulterpapageien, die in Gefangenschaft meist sehr ruhig sind, als ausgesprochen lebhaft und freundlich. Nach Mrs. Bonestell (in Low 1989), die den Vögeln ein sanftes Wesen bescheinigt, lernen die in ihrer Heimat als Haustiere gehaltenen Papageien recht gut sprechen und lassen sich zu Kunststücken abrichten. Diese „Vorzüge“ sollten aber nicht dazu verleiten, Blauscheitelpapageien auch bei uns als Einzelvögel zu pflegen.

Übereinstimmend wird berichtet, daß sie untereinander sehr verträglich sind (Leidner 1984 a, Smith 1984). Selbst während einer Brut wurde ein überzähliges Tier akzeptiert (Krohn 1984). In Ruhephasen sitzen verpaarte Tiere oft für lange Zeit dicht nebeneinander, dabei berühren sich ihre Körper fast (Smith 1984).

Die Stimme der Blauscheitelpapageien kann recht laut sein und wird teilweise als sehr unangenehm beschrieben. Meist wird von ihr aber nur wenig Gebrauch gemacht. Leidner (1984 a) meint dagegen, daß seine Kakadus, Amazonen und Edelpapageien weit unangenehmere und lautere Stimmen haben. Smith (1979) empfindet die Lautäußerungen der Blauscheitelpapageien sogar als angenehm.

Zucht

Die erste Aufzucht von Blauscheitelpapageien in Gefangenschaft gelang 1936 bei Mrs. Bonestell in Kalifornien (Smith 1979). Die Gelege bestanden in der Regel aus 2, manchmal aus 3 Eiern. Nach Mrs. Bonestell errichteten die Vögel in der Bruthöhle auf einer Unterlage aus Sphagnum und Laub ein kleines, kompaktes Nest aus Federn, Bambusblättern, kleinen Stöckchen, Schnurstücken und anderen Materialien, die sie in der Voliere fanden. Smith (1984) ist aber aufgrund seiner Erfahrungen mit dieser Papageienart der Ansicht, daß es sich bei dem beschriebenen Nest eher um ein von Mäusen errichtetes handelt. Seine drei Weibchen legten die Eier immer auf eine dicke Unterlage aus Holzspänen, die sie von den Innenwänden der Brut-

Das Gefieder junger Blauscheitelpapageien ist noch matt und ohne die leuchtende Kopf- und Flügelzeichnung, der Schnabel schmutzig-rot. Die Schwanzfedern laufen spitz zu und sind nicht gerundet wie bei den Alttieren.

Jungtier des Blauscheitelpapageis.

kästen genagt hatten. Bei Smith stellte sich der erste Bruterfolg 1983 ein. Im gleichen Jahr wuchsen auch in Deutschland Blauscheitelpapageien auf (Leidner 1984 a, Krohn 1984).

Smith (1984) beschreibt ausführlich die Balz seiner Papageien. Ihm fiel auf, daß das Männchen auch in den ersten Tagen der Annäherung deutlich weniger Vorsicht und Furcht vor dem Weibchen zeigte als balzende Tiere der nah verwandten *Psittacula*-Arten. Es pflegte häufig das Kopfgefieder der Partnerin. Wenn das Männchen sich ihr näherte, hielt es seinen Körper pinguinähnlich hoch aufgerichtet. Hervorgerufen durch schnell hintereinander erfolgende Pupillenkontraktionen, blitzten die Augen auf, die Flügel hingen leicht herab, der Schwanz war gefächert. Es marschierte mit langen, gleitenden, bedächtigen Schritten.

Der Schnabel zeigte direkt auf das Weibchen, der Kopf wurde hochgehalten. Es konnte kein Hin- und Herdrehen des Kopfes wie bei *Psittacula*-Arten beobachtet werden. Meist duckte sich das Weibchen und forderte zur Kopulation auf. Das Männchen schob seinen Kopf über den Rücken der Partnerin und drückte die Schnabelspitze an die gegenüberliegende Seite des Nackens. Dann stieg es mit beiden Füßen auf ihren Rücken und begann zu kopulieren.

Dabei drückte es seine Wange für ein oder zwei Sekunden an eine des Weibchens, hob den Kopf über dem Nacken der Partnerin hoch und legte dann seine Wange an ihre andere. Dieses alternierende Wangendrücken erfolgte nach einem rhythmischen Muster. Obwohl die Vögel sonst ruffreudig sind, konnte während der Kopulation kein Laut vernommen werden.

War das Weibchen nicht paarungsbereit, richtete es sich bei Annäherung des Partners hoch auf. Dieser vollführte dann steifbeinige Sprünge unter gleichzeitigem Aufblitzen der Augen. Es folgten kurze Flüge, nach denen er sich senkrecht von oben auf den Ast fallen ließ und anschließend einen kleinen Sprung zur Seite machte. Diese Aktionen wirkten erstaunlich elegant für einen so kräftigen Vogel. Entfernte sich das Männchen anschließend vom Weibchen, schob es den gesenkten Schnabel vor sich her über den Ast.

Die Nisthöhle wurde allein vom Weibchen bearbeitet. Beide Tiere benutzten sie jedoch schon Monate vor der Eiablage zum Übernachten.

Die Ablage der Eier, die nur vom Weibchen bebrütet wurden, erfolgte im Abstand von 3 Tagen. Krohn (1984) und Leidner (1984 a) registrierten einen Abstand von 2 Tagen. Nach Krohn hatten die Eier eine Größe von 33 × 28 mm und wogen 12,5 g. Sein Weibchen begann erst nach der Ablage des zweiten Eies mit der Bebrütung. Es saß aber nicht sehr fest auf dem Gelege und verließ oft den Nistkasten, manchmal für bis zu 3 Stunden, um in geduckter Haltung und leise piepsend das Männchen um Futter anzubetteln. Dieses fütterte unter starken, ruckartigen Schüttelbewegungen.

Zur Brutdauer machen die Züchter unterschiedliche Angaben: Leidner vernahm 23 Tage nach Ablage des ersten Eies Bettellaute. Bei Krohn schlüpften 25 Tage nach Brutbeginn, d. h. nach Ablage des zweiten Eies, zwei Küken im Abstand von 2 Stunden. Smith gibt die Brutzeit mit 26 Tagen an, und bei Mrs. Bonestell schlüpften die Jungen am 28. Bruttag (Low 1989).

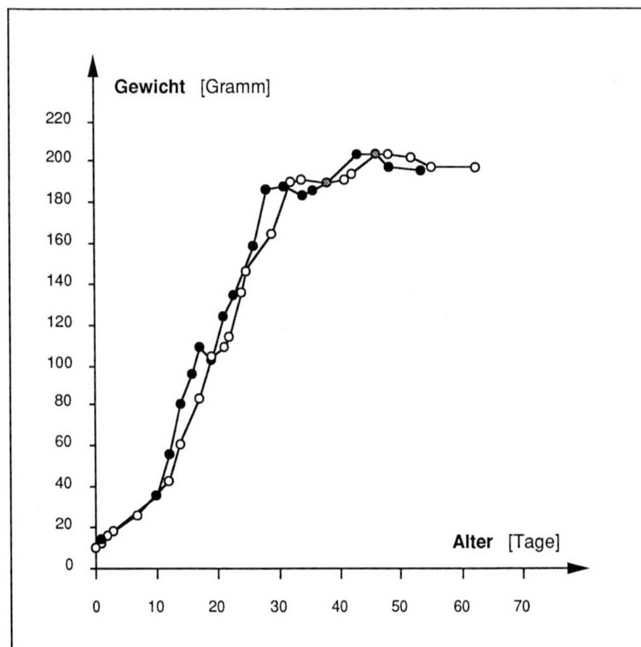

Gewichtsentwicklung zweier, von ihren Eltern aufgezogener Blauscheitelpapageien (nach Smith 1984).

Die Jugendfärbung in Gefangenschaft geschlüpfter Blauscheitelpapageien kann erheblich variieren. Die Abbildung zeigt die Nachkommen zweier Paare. Während die drei Jungen des einen Paares eine blasse Färbung und dunkle Schnäbel haben, zeigen die beiden Nestlinge des anderen Paares bereits rote Schnäbel und eine recht kräftige Kopf- und Flügelzeichnung.

Die Küken, die beim Schlupf etwa 10 g wiegen, tragen nur sehr wenige, 3–4 mm kurze Dunenfedern, Haut und Hornteile sind fleischfarben (Entwicklung des Körpergewichts siehe Graphik). Mrs. Bonestell berichtet, daß 7 Tage alte Blauscheitelpapageien schon rote Schnäbel haben. Bei 11 Tage alten Tieren schimmern die Federanlagen des zweiten Dunenkleides durch die Haut. Zwischen dem 12. und 18. Tag öffnen sich die Augen. 21 Tage alte Küken sind in ein dichtes graues Dunenkleid gehüllt, die Konturfedern beginnen zu wachsen. Ab dem 29. Lebenstag brechen die Federscheiden von Armschwingen und Flügeldecken auf. Bei 7 Wochen alten Vögeln ist das Gefieder fast vollständig entwickelt. Die Nestlingszeit schwankt zwischen 54 und 63 Tagen. Flügge Jungtiere hatten Körpergewichte von 185 g bis 225 g. Die Alttiere kümmerten sich stets rührend um ihren Nachwuchs, selbst 12 Wochen alte Jungvögel wurden noch regelmäßig gefüttert.

Die Gefiederfärbung in Gefangenschaft geborener Blauscheitelpapageien variiert nach dem Ausfliegen erheblich: Bei Smith hatten die Vögel kein Blau am Kopf, und am Hinterrücken zeigte sich nur ein blauer Schimmer. Die Flügelzeichnung war matt und undeutlich, der Schnabel hatte ein mattes und eher schmutziges Rot. Leidner dagegen berichtet, daß die Färbung der flüggen Jungtiere sich nicht von der der Eltern unterschied.

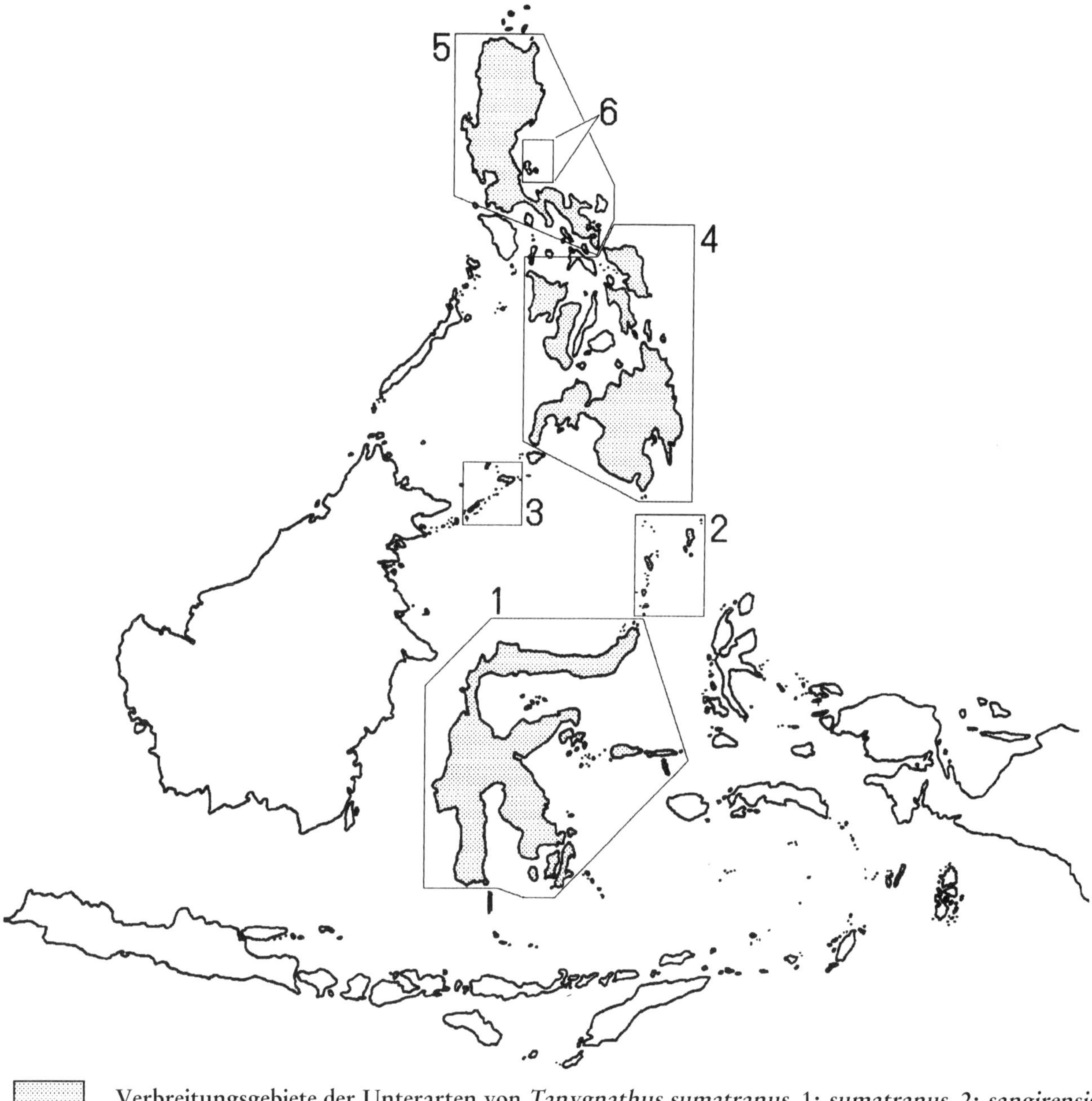

Verbreitungsgebiete der Unterarten von *Tanygnathus sumatranus*. 1: *sumatranus*, 2: *sangirensis*, 3: *burbidgii*, 4: *everetti*, 5: *duponti*, 6: *freeri*.

Tanygnathus sumatranus (Raffles, 1822) (Syn. *muelleri*) – Müllers Edelpapagei

1. *T. sumatranus sumatranus*

Gesamtlänge: 32 cm.

Beschreibung: Männchen: Gefieder grün, am Kopf leuchtender; Nacken, Vorderrücken und Unterseite gelblichgrün; Hinterrücken und Bürzel himmelblau, Basis der Federn grün; Handschwingen grün, Innenfahne nicht ganz bis zur Spitze mit breitem schwärzlichem Saum, Außenfahne mit schmalem gelbgrünem Außensaum; Armschwingen grün mit deutlichem gelbgrünem Außensaum; kleine Flügeldecken, Schulterdecken und Handdecken grün mit breiten blauen Säumen (die Ausdehnung des Bereichs der blau gesäumten Flügeldecken variiert); mittlere und große Flügeldecken grün mit gelbgrünen Säumen; Unterflügeldecken gelbgrün, entlang des Flügelrandes grün mit blauem Endsaum; Schwanzfedern (Oberseite): die beiden mittleren grün mit gelblichgrünen Spitzen, die übrigen grün mit gelblichgrünen Spitzen und schmalen olivfarbenen Säumen an den Innenfahnen; Schwanzunterseite olivgelb; Schnabel rot, Oberschnabelspitze gelblichrot; nackter Augenkreis bräunlichgrau; äußerer Irisring weißgelb, innerer Irisring braun; Füße olivbräunlich.

Müllers Edelpapageien *(Tanygnathus sumatranus sumatranus)*, vorn Weibchen, hinten Männchen. Nur Vertreter der Unterarten *sumatranus* und *sangirensis* haben einen gelblichweißen äußeren Irisring, die der übrigen Subspezies einen orangen oder roten.

Flügellänge: 210–216 (212,0) mm, (F) 208,4 mm.

Weibchen: Vorderrücken dunkler grün, weniger gelblich; kleine Flügeldecken mit schmalerem blauem Rand; Ausdehnung des blauen Bereichs an Hinterrücken und Bürzel geringer; nackter Augenkreis grau; Schnabel hornweißlich.

Flügellänge: (F) 206,5 mm.

Jungtiere: Ähneln den Weibchen. Nach Stresemann (1940) ist bei juvenilen Männchen (welchen Alters?) der Oberschnabel hornweiß, der Unterschnabel rötlich.

Verbreitung: Sulawesi (früher Celebes), einschließlich der kleinen Inseln vor der nördlichen Halbinsel, Togian, Banggai-Inseln, Sula-Inseln, Butung und Muna.

Eck (1976), der auf den Banggai-Inseln gesammeltes Balgmaterial untersuchte, fiel auf, daß die auf Peleng gefangenen *T. sumatranus* durchweg dunkeläugig waren. Die Etiketten trugen die Vermerke: Iris braun, bronzefarben, graubraun. Er beschrieb daraufhin diese Subpopulation, die sich in Größe und Gefiederfärbung nicht von der Nominatform unterschied, als neue Unterart *T. sumatranus incognitus*. White & Bruce (1986) bezweifeln aber, daß die Form, deren Herkunftsgebiet inmitten des Verbreitungsgebietes der Nominatform liegt, von dieser abzutrennen ist, da die Information über die Irisfärbung von Etiketten Mendens stammt, der nach Aussage der beiden Autoren die Augenfarbe oft mit „braun“ angab, ohne präzise Beobachtungen gemacht zu haben.

2. *T. sumatranus sangirensis*

Beschreibung: Adulte ähnlich *sumatranus*, aber in der Regel mehr Blau an Flügelrand und kleinen Flügeldecken.

Müllers Edelpapageien *(T. sumatranus)*. Jeweils oben Männchen der Nominatform *sumatranus* mit gelblichgrünem Gefieder, hellblauem Hinterrücken und Bürzel, heller grünen Schwanzspitzen und blauen Federsäumen an kleinen Flügeldecken, Schulter- und Handdecken. Jeweils unten Männchen der Unterart *burbidgii* mit dunkelgrüner Ober- und Unterseite, gelblichgrünem Kopf und Nacken, tiefblauem Hinterrücken und Bürzel und grünen Flügeldecken (ohne Blau!).

Flügellänge: Männchen (F) 215,3 mm;
Weibchen (F) 215,8 mm.

Verbreitung: Talaud- und Sangihe-Inseln.

Forshaw (1978) bezweifelt, daß diese Unterart von *sumatranus* abgetrennt werden kann. White & Bruce (1986), die Bälge verschiedener Inselpopulationen untersuchten, ermittelten bei den Vögeln der Sangihe-Inseln Flügellängen von 226–235 mm, bei denen der Talaud-Inseln Flügellängen von 210–227 mm. Während letztere im Schwankungsbereich der Nominatform liegen, sind erstere also deutlich größer. Wird die Unterart *sangirensis* aufrechterhalten, dann müßte sie auf die Vertreter der Sangihe-Inseln beschränkt sein.

3. *T. sumatranus burbidgii*

Beschreibung: Adulte Gefieder dunkelgrün, am unteren Bauch Spitzen der Federn blau; Kopf und Nacken gelblichgrün mit deutlichem Kontrast zum dunkelgrünen Vorderrücken; Hinterrücken und Bürzel Federn bis zur Basis tiefblau; Oberschwanzdecken grün, teilweise mit blauen Endsäumen; Flügeldecken grün mit schmalen gelblichgrünen Säumen (kein Blau); Schwanz oberseits dunkelgrün, unterseits dunkel goldoliv; äußerer Irisring rot (Salvadori 1891, Bowdler Sharpe 1894).

Flügellänge: Männchen 218 mm, (F) 219,4 mm;
Weibchen (F) 214,0 mm.

Verbreitung: Sulu-Archipel (Philippinen).

4. *T. sumatranus everetti*

Beschreibung: Adulte Kopf grasgrün, Nacken und Unterseite leicht gelblichgrün; Vorderrücken dunkelgrün, Federn mit dunkelblauen Spitzen; Hinterrücken und Bürzel tiefblau; Oberschwanzdecken grün, teilweise mit blauen Spitzen; kleine Flügeldecken nahe dem Flügelrand grün mit blauen Säumen, die übrigen Flügeldecken grün mit gelblichgrünen Säumen; Handdecken grün, mit Blau verwaschen; Unterflügeldecken grün; Schwanz oberseits dunkelgrün mit heller grünen Spitzen; äußerer Irisring orange (Whitehead 1899).

Flügellänge: Männchen (F) 201,6 mm;
Weibchen (F) 199,8 mm.

Männchen von *T. sumatranus burbidgii* mit rotem äußerem Irisring.

Verbreitung: Leyte, Mindanao, Negros, Panay und Samar (Philippinen).

5. *T. sumatranus duponti*

Beschreibung: Adulte wie *everetti*, aber Blau von Hinterrücken und Bürzel und blaue Spitzen der Vorderrückenfedern helleres, klareres Blau; Unterflügeldecken deutlich gelblich statt grün.

Flügellänge: Männchen (F) 201 und 204 mm;
Weibchen (F) 199 mm.

Verbreitung: Luzon (Philippinen).

6. *T. sumatranus freeri*

Beschreibung: Adulte ähnlich *everetti*, aber größer und mit deutlich längerem Schwanz; Oberkopf heller grün; Gefieder gelblicher, vor allem im Nacken; Spitzen der Vorderrückenfedern heller blau.

Flügellänge: Männchen 235 mm;
Weibchen 230 mm (Parkes 1971 a).

Verbreitung: Polillo (Philippinen).

***T. sumatranus sangirensis*, Männchen.**

Freilandbeobachtungen

Müllers Edelpapageien sind Bewohner der Tieflandregenwälder und der unteren Regionen der Bergregenwälder bis in Höhen von 500 m NN (White & Bruce 1986). Ihr Verbreitungsgebiet überschneidet sich teilweise mit dem der Blauscheitelpapageien. Dort, wo Müllers Edelpapageien die einzigen Vertreter der Gattung *Tanygnathus* sind, wie auf Sulawesi, sind sie häufig und recht vertraut (Hartert 1896 a, Watling 1983) und halten sich vorwiegend in den Randbereichen der Wälder und in Baumgruppen im Kulturland auf. Im Innern der Wälder werden sie höchst selten beobachtet (Stresemann 1940). Auf den Philippinen dagegen, wo *T. lucionensis* weit verbreitet und zahlreich ist, ist *T. sumatranus* sehr viel seltener und wird als scheuer Bewohner der dichten Wälder beschrieben (Delacour & Mayr 1946, duPont & Rabor 1973).

So war sein Nachweis auf Nord-Luzon eher ein Zufall (Ogilvie Grant 1895). Whitehead (1899), der an der Expedition teilnahm, erklärt dies damit, daß auf eine gewisse Distanz *T. sumatranus* so sehr dem überall anzutreffenden *T. lucionensis* ähnelt, daß man nicht ständig weiter auf *Tanygnathi* schießen mochte, in der Hoffnung, vielleicht eine neue Art zu entdecken.

Steere (1894), der die Verbreitung nichtziehender Landvögel auf den Philippinen untersuchte, stellte fest, daß nur sehr wenige Gattungen mit jeweils zwei Arten auf denselben Inseln vertreten sind. Nach seiner Hypothese unterschieden sich die beiden, in voneinander isolierten Arealen entstandenen *Tanygnathus*-Arten zu dem Zeitpunkt, als sie in Kontakt kamen, gerade etwas zu viel, um sich zu vermischen, besiedelten aber noch den gleichen Lebensraum und fraßen die gleiche Nahrung und traten daher in Konkurrenz zueinander. Die schwächere Spezies wurde zurückgedrängt. So ist *T. lucionensis* auf den Inseln weit verbreitet und überall häufig, während *T. sumatranus* dort höchst selten beobachtet wird.

Auf Sulawesi richten Müllers Edelpapageien teilweise beträchtlichen Schaden in Maisfeldern an. Große Trupps von Papageien fallen vor allem auf die Felder ein, die auf frisch gerodeten Flächen in der Nähe des Waldes liegen (Stresemann 1940). Coomans de Ruiter (in Forshaw 1978) bemerkte, daß in der Bodjo-River-Region im Süden Sulawesis das Erscheinen der Vögel mit der Reifezeit des Maises zusammenfällt. Es ist schwierig, die Tiere zu vertreiben, da sie die Felder vor allem nachts heimsuchen.

Müllers Edelpapageien werden paarweise oder in kleinen Gruppen beobachtet. Während des Fluges stoßen sie einen rauh klingenden Kontaktruf aus. Diese charakteristischen Rufe sind oft nachts zu hören, da die Vögel auch dann aktiv sind und umherfliegen. Sie tragen außerdem einen Gesang vor, der sich aus einer seltsam klingenden Serie von quietschenden, schrillen und klaren glockenähnlichen Tönen zusammensetzt (Watling 1983).

Während der heißen Zeit des Tages ruhen die Tiere im Laub der Bäume. Sie wurden oft auf *Leptospermum-*, *Bankinia-* und *Ficus-*Arten beobachtet, deren Früchte sie auch verzehren. Die Nahrung wird vor allem in der Wipfelregion aufgenommen.

Neben Früchten werden auch Beeren, Samen und Nüsse gefressen und, wie schon oben erwähnt, halbreifer Mais (Forshaw 1978).

Bisher wurden erst wenige Nester entdeckt. Eines war in einer Baumhöhle, 25–30 m über dem Erdboden. In ihm saßen Anfang November zwei noch nackte Küken, die einen deutlichen Größenunterschied aufwiesen. Der Eingang zu einer anderen Höhle befand sich in einer Höhe von ungefähr 50 m (Stresemann 1940).

Haltung

Diese Papageien scheinen in früherer Zeit zwar auch nicht oft, zumindest aber doch etwas häufiger als Schwarzschulter- und Blauscheitelpapageien eingeführt worden zu sein (Neunzig 1921). Müllers Edelpapageien sind zwar in Indonesien seit 1979 geschützt (van Strien 1982), trotzdem boten Anfang der 80er Jahre einige Importeure Vögel an, die, soweit mir bekannt ist, alle der helläugigen Nominatform angehörten. Smith (1979) meint, daß die Unterart *everetti* in Gefangenschaft am bekanntesten sei. Die Beschreibung der Vögel, die er gleichzeitig angibt, ist aber

Weibchen von *T. s. sumatranus.*

Müllers Edelpapageienweibchen der Unterart *burbidgii.*

die der helläugigen *sumatranus sumatranus* und nicht die der orangeäugigen *sumatranus everetti.*

Obwohl man aufgrund von älteren Berichten, nach denen Müllers Edelpapageien 81 und 85 Jahre im Käfig lebten, geneigt sein kann, die Vögel als hart und ausdauernd zu betrachten, sind sie doch während der Eingewöhnungszeit empfindlich. Bei Papageienhaltern sieht man sie sehr selten, so daß man davon ausgehen muß, daß die meisten der eingeführten Tiere nicht lange überlebten. Dazu mag auch eine nicht adäquate Haltung mit beigetragen haben. Die Papageien sollten bei Zimmertemperatur, akklimatisierte

Tiere zumindest in gut temperierten Volieren gehalten werden. Für diese *Tanygnathus*-Vertreter sollte die Nahrung ebenfalls zu einem großen Teil aus Früchten und Beeren bestehen und Sämereien möglichst angekeimt verfüttert werden.

Nach Neunzig (1921) sind die Papageien munter und lebhaft und von einschmeichelndem Wesen. Auf dem Boden bewegen sie sich hüpfend und trippelnd umher. Auch in Gefangenschaft sind sie nachts aktiv.

Ganz anders sind die Beobachtungen, die Frau Bublitz (1987) bei ihren Müllers Edelpapageien sammelte. Ihr Paar verhält sich sehr ruhig und blieb dem Menschen gegenüber stets reserviert. Bei Annäherung an die Voliere, die ständig mit frischen Fichten- und Kiefernästen ausgestattet wird, erstarren die Vögel und sind zwischen den grünen Zweigen gut getarnt. Ganz selten ist ihre Stimme zu hören, nur abends in der Dämmerung lassen sich manchmal eulenartige Rufe vernehmen.

Zucht

Auch bei dieser *Tanygnathus*-Art konnten erfolgreiche Bruten in Gefangenschaft erst in den vergangenen Jahren

Nestling von *T. s. sumatranus*. Bei jungen Müllers Edelpapageien sind der nackte Augenring und die Wachshaut weißlich, die Iris dunkelbraun und der Schnabel zunächst schmutzig hornfarben.

registriert werden: 1980 in Italien und 1986 in Deutschland. Frau Bublitz (1987) berichtet, daß ihr Paar ein Jahr zusammensaß, ohne daß ein stärkeres Interesse der Tiere aneinander festgestellt werden konnte. Das Weibchen hielt sich häufig in dem von Anfang an in der Innenvoliere angebrachten Nistkasten auf – der Kasten diente aber wohl eher als Versteck. Das Männchen zeigte keinerlei Interesse daran. Auch Martens (mündl. Mitt.), dessen Vögel 1989 ein Jungtier aufzogen, bekommt sein Weibchen fast nie zu Gesicht, da es, zumindest wenn er sich der Voliere nähert, immer in der Höhle sitzt.

Im Mai 1986 hörte Frau Bublitz öfter eine Serie von Schreien und Rufen, wenn das Männchen die Innenvoliere aufsuchte, und es fiel auf, daß das Weibchen den Partner dann verfolgte. Ende Mai konnte eine Kopulation beobachtet werden, und ab Anfang Juni wurde das Weibchen ständig vom Männchen gefüttert. Am 6. August wurde das erste Ei entdeckt, dem noch drei weitere folgten. Am 31. August, nach 25 Tagen Brutzeit, wurden erstmals die Bettellaute eines Kükens vernommen. 2 Tage danach schlüpfte das zweite Jungtier, wiederum 3 Tage später das dritte, das aber nur 3 Tage lebte. Ein Ei war unbefruchtet.

Mit dem Schlupf der Küken stellte das Weibchen die selbständige Nahrungsaufnahme vollkommen ein und wurde nur noch vom Männchen gefüttert. Das Weibchen bettelte und lockte den Partner zum Nistkasteneingang, er schlüpfte aber nie ein.

Die anfangs fast nackten Küken trugen nach 10 (?) Tagen ein dichtes graues Dunenkleid. In diesem Alter waren auch die Augen geöffnet. 25 Tage alte Jungtiere reagierten auf Störungen wie das Weibchen mit schnarrenden Lauten. Zu diesem Zeitpunkt waren die ersten Kiele der Flügelfedern sichtbar. Nach gut 30 Tagen hatten die kleinen Müllers Edelpapageien fast das Körpergewicht der Eltern erreicht. Im Alter von 8 Wochen zeigte sich der ältere Jungvogel erstmals im Nisthöhleneingang, einige Tage darauf flog er aus. Das Nestgeschwister folgte erst gut 2 Wochen später.

Die Schnäbel der Nestlinge waren zunächst schmutzig hornfarben. Bei einem Jungtier zeigte sich bereits vor dem Ausfliegen ein roter Schimmer. Die auf dieser Beobachtung begründete Vermutung, daß das Geschlecht der Jungvögel schon im Nest anhand der Schnabelfarbe festgestellt werden kann, hat sich allerdings nicht eindeutig bestätigt, da ein als Männchen angesprochenes Tier sich auch im

Alter von jetzt fast vier Jahren noch nicht sicher bestimmen läßt; es hat immer noch einen rötlichhornfarbenen Schnabel. Ein anderes dagegen zeigte mit einem halben Jahr den für Männchen charakteristischen roten Schnabel (Bublitz, mündl. Mitt.).

Salvadori (1891) berichtet, daß ein vom Londoner Zoo mit hornweißem Schnabel erworbener Müllers Edelpapagei später einen roten Schnabel hatte. Damals wußte man noch nicht, daß bei dieser Art auch die erwachsenen Weibchen hornweiße Schnäbel besitzen. Nachdem man zuerst die Vögel mit hellen Schnäbeln als eigene Art, *Tanygnathus albirostris*, angesehen hatte, ging man dann davon aus, daß alle hellschnäbeligen Exemplare Jungtiere sind. Bis heute ist nicht bekannt, in welchem Alter bei freilebenden Vögeln die Umfärbung stattfindet.

Die Gefiederfärbung der jungen Müllers Edelpapageien glich der des Weibchens. Bei ihnen waren der nackte Augenring allerdings weiß und die Iris braun. Die 1986 geschlüpften Vögel trugen auf Hinterkopf und Nacken einen blauen Schimmer, der aber später verschwand. Das im darauffolgenden Jahr geborene Jungtier zeigte diese blaue Zeichnung nicht (Bublitz, mündl. Mitt.).

Tanygnathus heterurus.

Tanygnathus heterurus Salvadori, 1912

Die Beschreibung dieser Art durch Salvadori im Jahr 1912 erfolgte nach einem einzigen Balgexemplar unbekannter Herkunft. Auffallend sind bei diesem weitgehend grün gefärbten Vogel die olivbraunen Gefiederpartien an Kehle, Nacken und vorderem Vorderrücken und die olivrote Schwanzunterseite (Forshaw 1978). Forshaw vertritt die Ansicht, daß es sich um eine aberrante Form, vermutlich von *Tanygnathus sumatranus*, handelt.

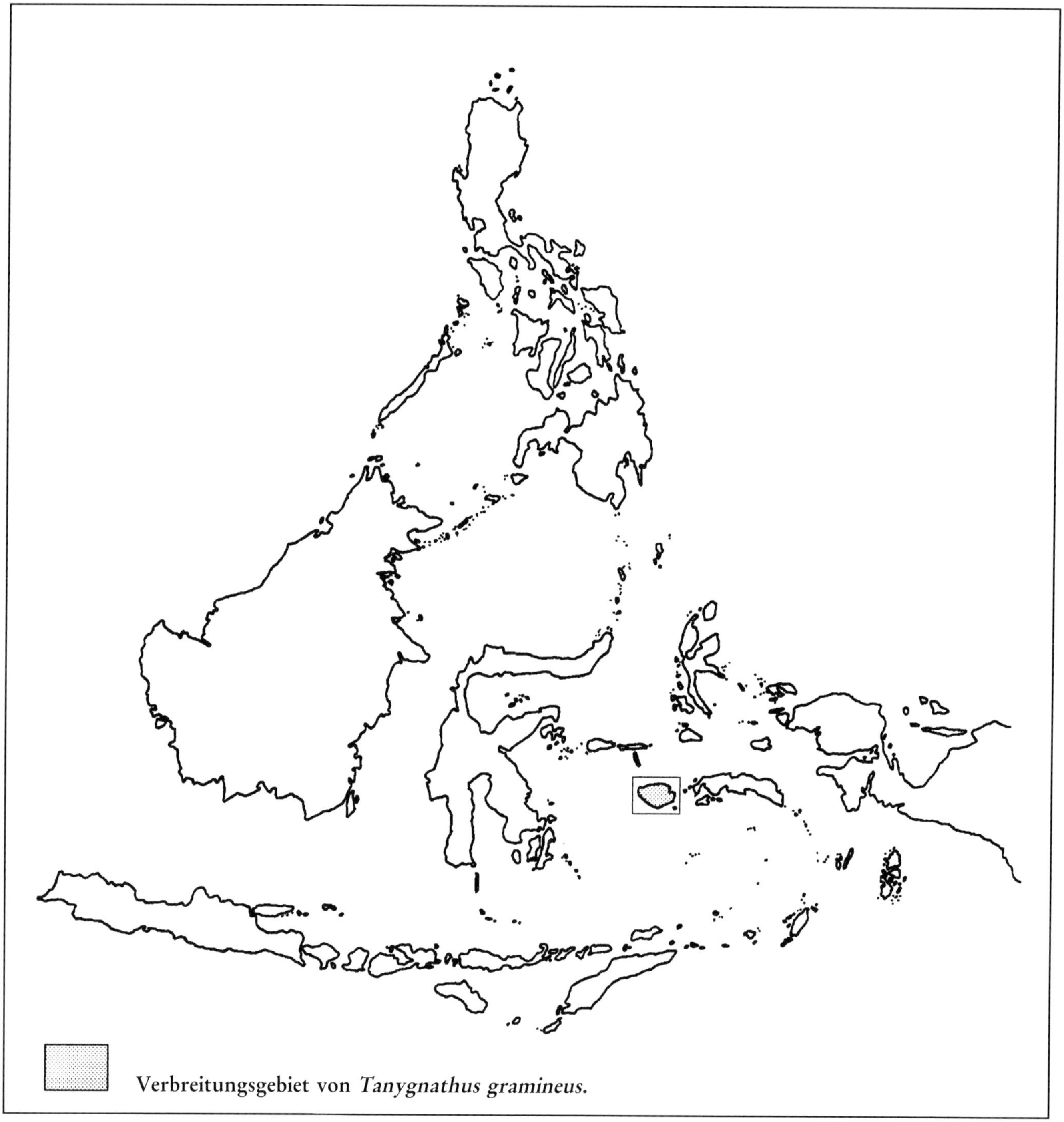
Verbreitungsgebiet von Tanygnathus gramineus.

Tanygnathus gramineus (Gmelin, 1788) – Schwarzstirn-Edelpapagei oder Burupapagei

Gesamtlänge: 42 cm.

Beschreibung: Adulte: Gefieder grün; Unterseite und untere Wangen ein wenig gelblicher; Nacken und hinterer Hals leuchtender grün als der Rücken; oberer Teil der Wangen gräulichgrün; Stirn und Scheitel bläulichgrau, die Basis der Federn düster grün; schwarze Linie von der Stirn zu den Augen; Handschwingen und Handdecken blau mit grünen Außensäumen; Armschwingen, große und mittlere Flügeldecken grün mit schmalen gelbgrünen Säumen; Unterflügeldecken grünlichgelb; Schwanz oberseits grün mit gelblichen Spitzen, unterseits düster gelb; Schnabel bei Männchen rot, bei Weibchen Oberschnabel rosagrau mit hornfarbener Spitze, Unterschnabel grauhornfarben; äußerer Irisring cremegelb; Füße dunkelgrau (Salvadori 1891, Forshaw 1978).

Flügellänge: Männchen (F) 255 mm;
Weibchen (F) 259 und 263 mm.

Verbreitung: Buru.

Schwarzstirn-Edelpapagei *(Tanygnathus gramineus).*

Freilandbeobachtungen

Berichte über Schwarzstirn-Edelpapageien sind äußerst spärlich. Die Vögel wurden ausschließlich in den Bergen oberhalb 700 m NN gesichtet. Sie sind überwiegend, wenn nicht ausschließlich, nachtaktiv, was ihre Beobachtung erschwert. Man hört sie eher, als daß man sie sieht (Forshaw 1978).

Diese Informationen, die aus den 20er Jahren stammen, waren für über 50 Jahre die einzigen, und es wurde schon die Befürchtung geäußert, daß die Art ausgestorben sei (Smith 1979). Anfang der 80er Jahre konnte Smiet (in White & Bruce 1986) erfreulicherweise mitteilen, daß die Papageien auf Buru in größeren Höhen sogar relativ häufig sind. Er sah sie oft in den Wipfeln der Bäume oder auf kahlen Ästen ruhen. Low (1984) erhielt Informationen, nach denen Mitarbeiter des Museum Zoologicum Bogoriense *T. gramineus* in einigen Gegenden der Insel beobachten konnten. Die Populationsdichte der Vögel ist nicht bekannt, aber ihr Bestand scheint nicht gefährdet.

Bei Rodungsarbeiten – etwa 20 % des Waldes auf Buru waren bis 1983 gefällt – wurden gelegentlich Schwarzstirn-Edelpapageien gefangen. Alle diese Tiere starben aber innerhalb kurzer Zeit. Bei der Sektion zeigte sich, daß sie, wie die anderen *Tanygnathus*-Arten und *Eclectus,* einen sehr langen Darm haben. Wie diese fressen sie demnach schwer verdauliche Nahrung, beispielsweise Früchte oder Blattknospen (Burzell, in Low 1984).

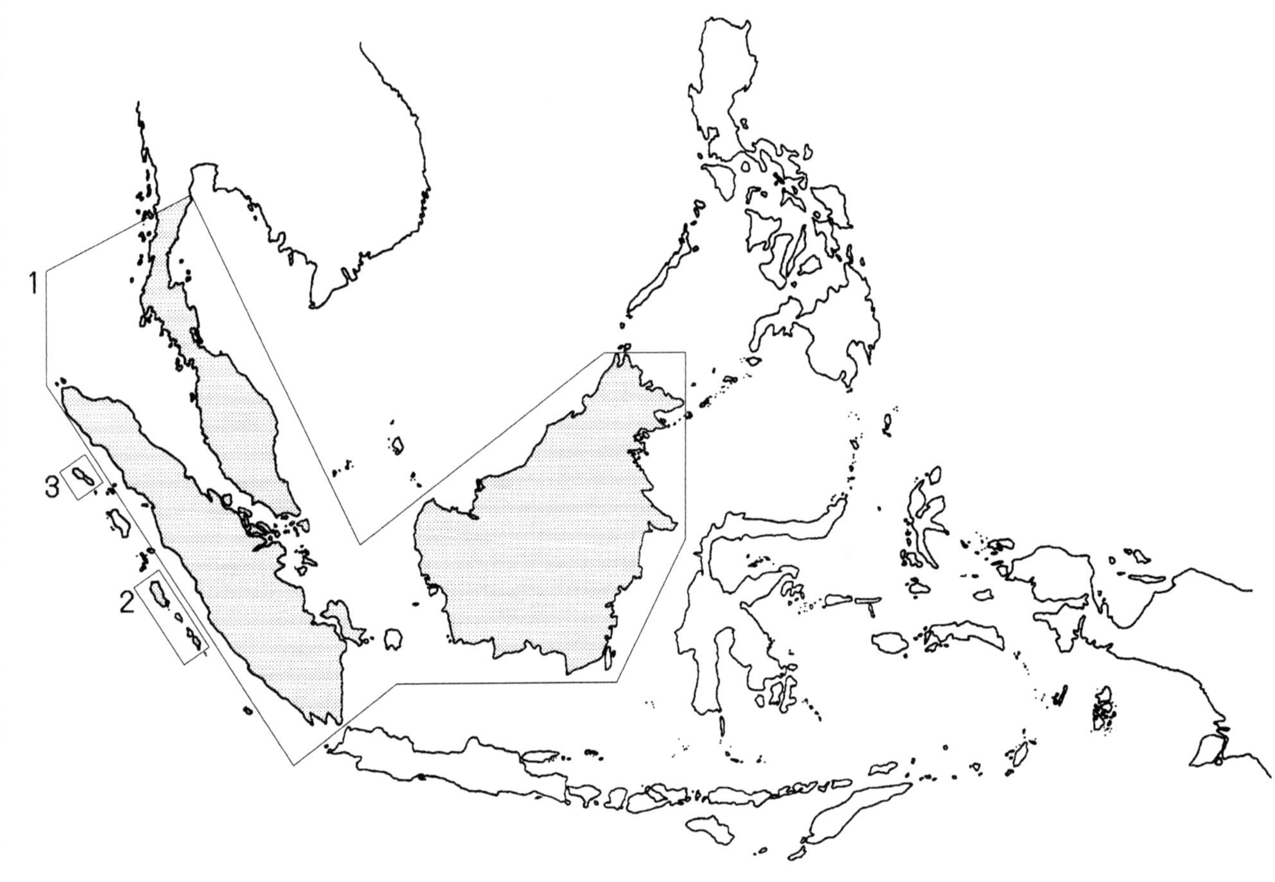

Verbreitungsgebiete der Unterarten von *Psittinus cyanurus*. 1: *cyanurus*, 2: *pontius*, 3: *abotti.*

Gattung *Psittinus* Blyth, 1842

Diese Gattung ist monotypisch, ihr einziger Vertreter ist der Rotachselpapagei *Psittinus cyanurus*. Er ist ein kleiner, stämmiger Vogel mit großem Kopf und kräftigem Schnabel. Der Oberschnabel zeigt einen an der Basishälfte kantig abgesetzten First und einen deutlichen rechtwinkligen Zahnausschnitt. Ein schmaler Streifen der Wachshaut ist unbefiedert, die Nasenlöcher liegen frei. Ein kleiner Kreis um die Augen ist nackt.

Die Flügel sind lang und spitz auslaufend, die Spitzen der Schwungfedern erreichen fast das Ende des kurzen, etwas gerundeten Schwanzes. Rotachselpapageien besitzen auffallend lange Unterschenkel.

Erwachsene Tiere zeigen einen ausgeprägten Geschlechtsdimorphismus, Jungtiere ein einheitliches, vom Adultgefieder abweichendes Jugendkleid.

Rotachselpapageien *(Psittinus cyanurus cyanurus)*, vorn Weibchen, hinten Männchen.

Psittinus cyanurus (Forster, 1795) – Rotachselpapagei

1. *P. cyanurus cyanurus*

Gesamtlänge: 18 cm.

Beschreibung: Männchen: Kopf und Nacken graublau, an Stirn und Scheitel leuchtender und intensiver blau; Kehle und Unterseite matt olivgrün mit blaugrauem Schimmer, vor allem auf der Bauchmitte und an den unteren Körperseiten; Vorderrücken und kleine Schulterdecken matt anthrazitschwarz, die äußersten Spitzen jeder Feder mit hellerem, gräulichem Saum; Hinterrücken, Bürzel und Oberschwanzdecken intensiv ultramarinblau; Unterschwanzdecken gelblichgrün mit schwachen blauen Säumen; Hand- und Armschwingen dunkelgrün, Innenfahnen nicht ganz bis zur Spitze schwarz, Innenfahnen der Handschwingen schmal gelb gesäumt; Handdecken blau; große und mittlere Flügeldecken und die innersten Armschwingen dunkelgrün mit gelbgrünem Saum; kleine Flügeldecken grün, Deckfedern am Flügelbug mit bläulichen Spitzen, kleine Deckfedern längs des Unterarms auberginerot; Flügelrand gelblich; Unterflügeldecken und Achselfedern leuchtend rot, mit einem schmalen grünen Streifen entlang des Flügelrandes; Schwanzfedern (Oberseite): die beiden mittleren grün, die übrigen grünlichgelb mit schmalem grünen Saum an den Außenfahnen; Schwanzunterseite gelb; Oberschnabel matt orangerot bis rot, Spitze gelblichhornfarben, Unterschnabel graubraun bis schwarzbraun; nackter Augenring grünlichgrau; äußerer Irisring gelblichweiß, innerer Irisring grünlichbraun; Füße grünlichgrau.

Flügellänge: (F) 119,1 mm.

Körpergewicht: 65 g (Smith 1979).

Weibchen: Kopf und Nacken rotbraun, Kopfseiten mit olivgelbem Schimmer, Basis der Federn düster grün; Zügel und Stirn heller gefärbt, Stirnfedern mit schwach bläulichen Spitzen, Kinn cremegelblich; Rücken, Bürzel und Oberschwanzdecken grün, auf dem Hinterrücken ein kleiner ultramarinblauer Fleck; Unterseite gelblichgrün; Flügelzeichnung wie beim Männchen, der auberginerote Fleck ist aber kleiner, die leuchtend roten Unterflügeldecken

Rotachselpapageienmännchen *(P. c. cyanurus).*

sind in einem breiten Streifen längs des Flügelrandes durch grüne ersetzt; Ober- und Unterschnabel braun bis gräulichbraun.

Flügellänge: (F) 116,0 mm.

Körpergewicht: 75 g und 85 g (Smith 1979).

Jungtiere: Oberseite, Kopf und Flügel grün, nur auf dem Hinterrücken ein kleiner, düster blauer Fleck; Stirnfedern mit verwaschenen bläulichen Endsäumen, Zügel schmutzig cremefarben; auberginroter Fleck auf den kleinen Flügeldecken nicht vorhanden oder höchstens angedeutet; Säume der Flügeldecken olivgelblich; Unterflügeldecken nur zum Teil rot; Unterseite reineres und dunkleres Grün als adulte Weibchen; Schwanzfedern grün, nur an den Innenfahnen olivgelblich; Schnabel hornbräunlich, Unterschnabel heller (Finsch 1868, Salvadori 1891).

Verbreitung: Südwest-Thailand und äußerster Süden von Tenasserim (Burma), Malaysia einschließlich Singapur, Riau-Inseln, Sumatra, Bangka und Borneo.

2. *P. cyanurus pontius*

Beschreibung: Adulte ähnlich wie *cyanurus,* aber größer (Forshaw 1978).

Flügellänge: Männchen (F) 134,4 mm;
Weibchen (F) 130,4 mm.

Verbreitung: Siberut, Sipura, Nord- und Süd-Pagai (Inseln vor der Westküste Sumatras).

3. *P. cyanurus abotti*

Beschreibung: Männchen: Scheitel mehr einheitlich blau, an der Stirn und ums Auge grüne Federn; Rücken, Bürzel und Oberschwanzdecken grün; Unterseite grünlichgelb (Forshaw 1978).

Flügellänge: (F) 144,2 mm.

Weibchen: Kopf grün, Unterseite grünlichgelb (Forshaw 1978).

Flügellänge: (F) 140,2 mm.

Verbreitung: Simeulue und Siumat (Inseln vor der Westküste Nord-Sumatras).

Freilandbeobachtungen

Rotachselpapageien sind in ihrer Heimat weit verbreitet. Sie können regelmäßig, aber meist nur in geringer Individuenzahl beobachtet werden. Auf Borneo sind sie allerdings überall recht selten (Smythies 1960).

Die Papageien sind Bewohner des Tieflandes, und ihre Verbreitung ist weitgehend abhängig vom Vorhandensein des immergrünen Tiefland-Regenwaldes. Da in Malaysia und Indonesien die ursprüngliche Vegetation dieser Gebiete durch Holzeinschlag zerstört wird (siehe Kapitel Lebensraum), besteht die Gefahr, daß der Bestand der Vögel zurückgeht (Wells 1985). Im Regenwald halten sich Rotachselpapageien bevorzugt in den oberen Schichten und in der Kronenregion auf (Hartert 1902, Pearson 1975 b). Sie besuchen aber auch Mangrovengebiete und kultiviertes Land, wobei sie in Palmenplantagen und anderen Pflanzungen als Schädlinge auftreten können (Delacour 1947; Medway & Wells 1976; Steck, mündl. Mitt.).

Meist streifen die Vögel in kleinen Gruppen von drei bis fünfzehn Individuen umher. Während bestimmter Jahreszeiten können sie sich aber zu großen Schwärmen zusammenschließen und weite Wanderungen unternehmen (Glenister 1971). Dabei verlassen sie auch das Tiefland: Eine kleine Gruppe konnte beim Überfliegen eines fast 1300 m hohen Bergrückens beobachtet werden (Medway & Wells 1976). Auch in den Gebieten, in denen Rotachselpapageien das ganze Jahr über anzutreffen sind, lassen sich deutliche Schwankungen in der Populationsdichte feststellen (Gibson-Hill, in Forshaw 1978), die wahrscheinlich mit dem Nahrungsangebot korreliert sind.

In Süd-Burma sind sie unregelmäßige Sommergäste, die manchmal bereits in der letzten Märzwoche eintreffen (Smythies 1953).

Rotachselpapageien sind ausgezeichnete Flieger, die relativ langen und spitzen Flügel weisen bereits darauf hin. Ihr Flug ist schnell und direkt. Oft können kleine Gruppen dabei beobachtet werden, wie sie über den Wipfeln Runde um Runde fliegen, sich kurz auf den Bäumen niederlassen, um sich dann erneut zu ihren Flugspielen in die Luft zu erheben. Dabei erschallen dauernd helle, laute Pfiffe (Smythies 1953). Während der Nahrungsaufnahme dagegen sind die Vögel ruhig, und ihre Bewegungen sind langsam und bedächtig. Auf diese Weise sind sie zwischen den Blättern gut getarnt.

Die Stimme der Papageien ist ausgesprochen wohltönend. Neben den hellen Pfiffen, die im Flug ausgestoßen werden, tragen sie während der Ruhephasen melodische, flötende Gesänge vor, die eher an einen Singvogel als an einen Papagei erinnern.

Die Nahrung setzt sich aus Früchten, Samen und Blüten zusammen. Auf Sumatra wurden die Tiere beim Verzehren der Früchte von *Macaranga rhizinoides,* eines Baumes der Küstensümpfe, beobachtet. Rotachselpapageien halten sich oft auf großen *Ficus*-Bäumen auf, deren Früchte sie wahrscheinlich aufnehmen. Sowohl reife als auch unreife Ölpalmenfrüchte werden gefressen, und beim Erscheinen großer Schwärme dieser Papageien kann es zu beträchtlichen Schäden in den Palmenplantagen kommen. Die Kröpfe zweier gesammelter Vögel enthielten kleine, harte Samen (Forshaw 1978). Smith (1979) hatte bei seinen gekäfigten Tieren den Eindruck, daß sie, obwohl sie viel Früchte fressen, vor allem an den Samen und weniger am Fruchtfleisch interessiert sind.

Steck (1981), der Rotachselpapageien im Süden der Thailändischen Halbinsel beobachtete, sah sie häufig – und wesentlich geschickter als andere Papageien – auf dem Boden umherlaufen, offensichtlich Nahrung aufnehmend. Er konnte aber nie feststellen, was die Tiere aufsammelten.

In Malaysia wurde Mitte Februar ein Paar Rotachselpapageien entdeckt, das eine Baumhöhle inspizierte. Im Mai wurden Nester gefunden, die 1 bis 3 Eier enthielten (Medway & Wells 1976). Auf Borneo konnten Bruten zwischen Juni und September registriert werden (Forshaw 1978). Die Nester befanden sich in Baumhöhlen, oft sehr hoch über dem Erdboden.

Haltung

Schon immer waren diese ausgesprochen liebenswürdigen Papageien höchst selten in Gefangenschaft. Wieder war es der Zoologische Garten in London, der 1866 die ersten Rotachselpapageien pflegte, leider nur für kurze Zeit (Neunzig 1921).

Die Vögel sind während der Eingewöhnungszeit sehr empfindlich, die meisten der in den vergangenen zwei Jahrzehnten importierten Tiere überstanden die Quarantänezeit nicht, was zum Teil wohl auf die Haltungsbedingungen zurückzuführen ist. Aber auch in den Heimatländern bereitet die Eingewöhnung Probleme. Neunzig (1921) berichtet, daß Frau Dr. Platen, die einige Zeit in Südostasien lebte, mehrere Versuche unternahm, die Tiere zu pflegen; sie starben aber immer nach sechs bis acht Wochen. Steck (1981), der über sieben Jahre in Thailand arbeitete, sah Rotachselpapageien äußerst selten bei einheimischen Vogelfängern und Liebhabern, obwohl die Vogelhaltung dort ansonsten weit verbreitet ist. Aus Gesprächen erfuhr er, daß sowohl der Fang als vor allem auch die Fütterung der Tiere ein großes Problem darstellen. Die meisten Rotachselpapageien, die eingefangen werden, landen im Kochtopf. Ihr thailändischer Name lautet bezeichnenderweise „Nock-Gäau“ (Etwas-etwas).

Steck hatte anfangs ebenfalls mehrfach Verluste zu beklagen, obwohl er den Papageien alle erdenklichen Sorten von Früchten anbot. Schließlich gelang es ihm aber, einige

Dieser Rotachselpapagei zeigt die namengebenden Gefiederpartien.

Vögel einzugewöhnen, die sich dann als ausdauernd und wenig empfindlich erwiesen. Bei seiner Rückkehr in die Schweiz nahm er die Rotachselpapageien mit, und diese Tiere leben seit nunmehr fast zwanzig Jahren in Gefangenschaft.

Wichtig scheint vor allem zu sein, daß man neben einer Sämereienmischung, die nur wenig Fettsaaten, wie Kardisaat und Negersaat, enthält, sehr viel Beeren und Obst verfüttert (siehe Kapitel Ernährung), wobei Hagebutten und Beeren von Feuerdorn, Ebereschen, Weißdorn und Felsenbirnen deutlich bevorzugt werden. Sehr gern wird auch Grünfutter, beispielsweise halbreife Samen von Löwenzahn und anderen Wildkräutern und Vogelmiere, gefressen. Im Gegensatz zu Edelpapageien, die nur selten Futter mit dem Fuß festhalten, führen Rotachselpapageien regelmäßig Nahrung mit einem Fuß zum Schnabel, um Stücke davon abzubeißen.

Sind der Käfig oder die Voliere groß genug, können mehrere Rotachselpapageien zusammen gehalten werden. Smith (1979) warnt aber davor, zu viele Tiere zu vergesellschaften, da sonst sozialer Streß mit seinen negativen Folgen die Gesundheit der Vögel beeinträchtigen kann. Während der Fortpflanzungszeit sollten die Paare allerdings einzeln untergebracht werden. Am Ende der Brutzeit lösen sich die Paarbindungen auf, und die Mitglieder einer Gruppe halten eine deutliche Individualdistanz zueinander ein. Wie auch bei Vertretern der Gattungen *Eclectus* und *Tanygnathus* sind die Weibchen dominant. Steck (mündl. Mitt.) brachte, um Auseinandersetzungen am Futterplatz zu vermeiden, ebenso viele Näpfe an wie Vögel in der Voliere waren.

Kommen sich zwei Tiere zu nahe, reicht es meist aus, wenn der Dominante durch Verengen und Erweitern der Pupille die helle Iris aufleuchten läßt, um den Unterlegenen zum Rückzug zu bewegen, oder er droht zusätzlich mit geöffnetem Schnabel und geht einige Schritte auf den Artgenossen zu. Es kommt aber eigentlich nie zu Verfolgungsjagden.

Jedes Tier hat seinen bevorzugten Ruheplatz, den es nach Möglichkeit gegenüber den Gruppenmitgliedern verteidigt. Beim Ruhen und Schlafen wird der Kopf zwischen die Schultern gezogen und gleichzeitig leicht nach vorn hängen gelassen, die Federn seitlich des Schnabels werden nach vorn gestellt. Nur ganz junge Rotachselpapageien drehen den Kopf auf den Rücken und stecken den Schnabel in das Rückengefieder (Steck 1981).

In Gefangenschaft bewegen sich die Tiere meist laufend und kletternd vorwärts, wobei sie sehr geschickt auch dünne Zweige erklimmen. Bei Störungen verharren sie regungslos und beobachten die Umgebung. Es gibt kein nervöses Hin- und Herbewegen wie bei anderen Papageienarten vergleichbarer Körpergröße. Werden sie aber plötzlich erschreckt, starten sie in ihrem reißenden Flug, der am Volierengitter schnell gebremst wird. Sie flattern dann panisch und kopflos umher.

Rotachselpapageien werden schnell zahm und nehmen schon nach kurzer Zeit Futter aus der Hand. Betritt man den Raum, in dem die Vögel untergebracht sind, oder nähert man sich dem Käfig, zeigen vertraute Tiere oft ein Verhalten, dessen Bedeutung mir nicht ganz klar ist: Sowohl Männchen als auch Weibchen verengen die Pupille, fächern den Schwanz und verbeugen sich und lassen dabei einen langgezogenen, merkwürdig schnarrenden, in der Tonhöhe ansteigenden Laut hören.

Tiere, die sich zur Ruhe setzen, geben oft mehrere kurze, leise und rauhe Laute von sich. Beide Geschlechter tragen eine viersilbige, klare Strophe vor, außerdem einen lauten, schmetternden Gesang, der allerdings häufiger von Männchen zu vernehmen ist.

Mit großer Begeisterung und am liebsten täglich lassen sich Rotachselpapageien mit lauwarmem Wasser abbrausen. Dabei drehen und wenden sie sich, fächern den Schwanz und breiten die Flügel aus und hängen kopfunter am Käfiggitter. Sie baden so lange, bis sie vollkommen durchnäßt sind. Anschließend wird das Gefieder sorgfältig trockengeputzt.

Diese Vögel müssen regelmäßig mit frischen Zweigen versorgt werden, die sie intensiv benagen. Trotzdem kommt es bei einzelnen Tieren zum Überwachsen des Schnabels, den man dann beschneiden muß.

Zucht

Anfang der 70er Jahre kam es zu ersten bekanntgewordenen Brutversuchen in Gefangenschaft. Smith (1979) hielt eine Gruppe von einem Männchen und fünf Weibchen zusammen. Jedes Weibchen besetzte einen Nistkasten und verteidigte ihn vehement gegenüber den Artgenossen. Die Tiere übernachteten regelmäßig in den Höhlen. Zwei der Weibchen bebrüteten, allerdings bevor das Männchen in der Kolonie war, Gelege, die jedes Mal 3 Eier umfaßten.

Bei de Grahl (1974) schritt 1973 ein Paar zur Brut. Das Weibchen bezog einen senkrecht aufgestellten Starenkasten, dessen Eingangsloch es erweiterte. Im Höhleninneren wurde häufig genagt und in den Spänen eine tiefe Mulde geformt. Auch hier legte das Weibchen 3 Eier (Maße 25 × 21 mm, 27 × 22 mm und 27 × 21 mm), die allerdings unbefruchtet waren. Das Männchen ging nie in die Nisthöhle, fütterte aber hin und wieder sein Weibchen. Während der Brutzeit sang das Männchen unermüdlich und fächerte dabei die Schwanzfedern. Dieses Verhalten läßt vermuten, daß der Gesang der Reviermarkierung dient, wobei sich das „Revier" auf den Nestbezirk beschränken kann. Auch das Weibchen sang, wenn es den Kasten verließ. Zum Schlafen begab sich das Männchen immer in eine andere Höhle.

Die erste erfolgreiche Brut gelang 1980 bei Steck (1981) in der Schweiz. (Der Bericht von Low [1980, 1989] über Zuchterfolge bei T. Weise beruht auf einem Übersetzungsfehler. Bei den jungen Rotachselpapageien, die Weise Ende 1972 erhielt [de Grahl 1974], handelte es sich um Importtiere.) Im Frühjahr begannen die Vögel zu balzen, wobei die Weibchen zumindest anfangs die Aktiveren waren.

Männlicher Rotachselpapagei *(P. c. cyanurus).*

Auch verpaarte Männchen bewiesen stets Respekt vor ihren Partnerinnen. Zeigten sich diese balzbereit, führten die Männchen einen Balztanz auf, der sich aus langsamen Schritten und kurzen Sprüngen zusammensetzt. Der Schwanz wird aufgefächert und wieder zusammengelegt. Währenddessen leuchtet die Iris durch rhythmische Pupillenkontraktionen wie ein Blinklicht. Gleichzeitig wird der schmetternde Gesang vorgetragen. Zwischendurch wird das Weibchen gefüttert. Nie konnte gegenseitige Gefiederpflege beobachtet werden.

Die Gelege umfaßten 3 bis 5 Eier; bei Gräub (1982) legte ein Weibchen zweimal 5 Eier. Die Brutzeit beträgt 23 Tage, die Nestlingszeit 35 bis 36 Tage. Nach dem Ausfliegen lassen sich die Geschlechter der Jungtiere nicht unterscheiden, erst im Alter von etwa 12 Monaten sind Männchen und Weibchen zu erkennen. Das Ausfärben dauert sehr lang, erst mit 3 bis 4 Jahren haben die Rotachselpapageien das endgültige, kräftig gefärbte Erwachsenengefieder. Bei den Männchen kann sich die graublaue Färbung des Kopfes sogar später noch vertiefen (Steck, mündl. Mitt.). Der Schnabel zeigt die geschlechtsspezifische Tönung schon früher.

LITERATUR

Aeckerlein, W. (1986): Die Ernährung des Vogels. Stuttgart.

Albrecht, E. (1989): Käfig- und Volierenbau: praktische Anleitungen. Hamburg.

Arndt, T. (1986): Papageien – ihr Leben in Freiheit. Bomlitz.

Ayensu, E. S. (Hrsg.) (1981): Der Dschungel. München.

Bankowitsch, P. (1988): Haltung und Zucht von Edelpapageien *(Eclectus roratus)*. Papageien 1: 106–110.

Beehler, B. (1985): Conservation of New Guinea rainforest birds. In: A. W. Diamond & T. E. Lovejoy (eds.): Conservation of tropical forest birds. ICBP Technical Publication No. 4. Cambridge, England, pp. 233–247.

Beehler, B. M., T. K. Pratt & D. A. Zimmerman (1986): Birds of New Guinea. Handbook of the Wau Ecology Institut, No. 9. Princeton, NJ.

Bell, H. L. (1982a): A bird community of lowland rainforest in New Guinea. 1. Composition and density of the avifauna. Emu 82: 24–41.

Bell, H. L. (1982b): A bird community of New Guinean lowland rainforest. 3. Vertical distribution of the avifauna. Emu 82: 143–162.

Bell, H. L. (1984): A bird community of lowland rainforest in New Guinea. 6. Foraging ecology and community structure of the avifauna. Emu 84: 142–158.

Blakers, M., S. J. J. Davies & P. N. Reilly (1984): The atlas of Australian birds. Melbourne.

Boetticher, H. von (1959): Papageien. Wittenberg Lutherstadt.

Bregulla, H. (1984): Die Papageien der Salomon-Inseln: Salomonenkakadu, Gelbkopfpapagei und Salomon-Edelpapagei. Voliere 7: 146–149.

Bublitz, H. (1987): Zuchterfolg bei Müllers Edelpapageien. AZN 34: 167–168.

Burkard, R. (1980): Zucht des Salomonen-Edelpapageis. Gef. Welt 104: 23.

Burton, R. (1988): Das Ei – Wunder der Natur: Befruchtung – Eiablage – Brutpflege. Stuttgart.

Cain, A. J., & I. C. J. Galbraith (1956): Field notes on birds of the eastern Solomon Islands. Ibis 98: 100–134, 262–295.

Coates, B. J. (1985): The birds of Papua New Guinea. Vol. I, Non-Passerines. Alderly, Qld.

Dahl, F. (1899): Das Leben der Vögel auf den Bismarckinseln. Mitt. Zool. Samml. Mus. Naturk. Berlin. 1 (3): 107–222.

Delacour, J. (1947): Birds of Malaysia. New York.

Delacour, J., & E. Mayr (1946): Birds of the Philippines. New York.

Diefenbach, K. (1982): Kakadus. Bomlitz.

Draffan, R. D. W., S. T. Garnett & G. J. Malone (1983): Birds of the Torres Strait: An annotated list and biogeographical analysis. Emu 83: 207–234.

duPont, J. E. (1971): Philippine birds. Greenville.

duPont, J. E., & D. S. Rabor (1973): South Sulu Archipelago birds: an expedition report. Nemouria 9: 1–63.

Ebert, U. (1984): Vogelkrankheiten: Zier- und Wildvögel – Behandlung, Haltung und Pflege. 3. Aufl., Hannover.

Eck, S. (1976): Die Vögel der Banggai-Inseln, insbesondere Pelengs. Zool. Abh. Mus. Tierk. Dresden 34: 53–100.

Eckstein, F., & K. Eckstein (1989): Vom Papageienküken zum Papagei durch Handaufzucht vom ersten Tag. AZN 36: 684–690.

Escott, C. J., & D. A. Holmes (1980): The avifauna of Sulawesi, Indonesia: faunistic notes and additions. Bull. Brit. Orn. Cl. 100: 189–194.

Fergenbauer, A. (1979): Haltung und Zucht von Edelpapageien *(Lorius roratus aruensis)*. Gef. Welt 103: 177–179, 192–193.

Finsch, O. (1868): Die Papageien. Zweiter Band. Leiden.

Flanagan, G. L. (1981): Blick in ein Ei – wie Leben beginnt. Reinbek.

Forshaw, J. M. (1978): Parrots of the world. 2nd ed., Melbourne.

Forshaw, J. M. (1981): Australian parrots. 2nd ed., Melbourne.

Forshaw, J. M., & K. A. Muller (1978): Annotated list of birds observed at Iron Range, Cape York Peninsula, Queensland, during October, 1974. Australian Bird Watcher 7: 171–194.

Glenister, A. G. (1971): The birds of the Malay Peninsula, Singapore, and Penang. Kuala Lumpur.

Grabisch, K., & P. Zwart (Hrsg.) (1985): Krankheiten der Heimtiere. Hannover.

Gräub, O. (1982): Ein Zuchtbericht über Rotachselpapageien. Gef. Freund 29: 281–282.

Grahl, W. de (1969): Gelungene Edelpapageienzucht im Zimmerkäfig *(Lorius roratus pectoralis)*. Gef. Welt 93: 1–4, 24–27.

Grahl, W. de (1974): Papageien unserer Erde, Band II. Hamburg.

Grummt, W. (1973): Haltung und Zucht von Edelpapageien, *Lorius roratus,* im Tierpark Berlin. Zool. Garten (NF) 43: 256–274.

Hadden, D. (1981): Birds of the North Solomons. Handbook of the Wau Ecology Institut, No. 8. Wau, Papua New Guinea.

Hartert, E. (1896a): On ornithological collections made by Mr. Alfred Everett. In Celebes and the islands south of it. Novit. Zool. 3: 148–183.

Hartert, E. (1896b): An account of the collection of birds made by Mr. William Doherty in the Eastern Archipelago. Novit. Zool. 3: 537–590.

Hartert, E. (1901a): On the birds of the Key and south-east islands, and of Ceram-Laut. Novit. Zool. 8: 1–5.

Hartert, E. (1901b): On a collection of birds from the Timorlaut Islands. Novit. Zool. 8: 163–176.

Hartert, E. (1902): Aus den Wanderjahren eines Naturforschers. II. Abschnitt. Reise nach Sumatra, Malakka und Indien. Novit. Zool. 9: 141–160, 193–239.

Hartert, E. (1930): On a collection of birds made by Dr. Ernst Mayr in northern Dutch New Guinea. Novit. Zool. 36: 18–128.

Heinroth, O. (1902): Ornithologische Ergebnisse der „I. Deutschen Südsee Expedition von Br. Mencke". J. Orn. 50: 390–457.

Hellmayr, C. E. (1914): Die Avifauna von Timor. In: C. B. Haniel (Hrsg.): Zoologie von Timor, I. Lieferung. Stuttgart.

Holsheimer, J. P. (1973): De voeding van vogels. Zutphen.

Holsheimer, J. P. (1985): Voeding van kooi- en volièrevogels. Zutphen.

Holyoak, D. T. (1973): Comments on taxonomy and relationships in the parrot subfamilies Nestorinae, Loriinae and Platycercinae. Emu 73: 157–176.

Homberger, D. G. (1980): Funktionell-morphologische Untersuchungen zur Radiation der Ernährungs- und Trinkmethoden der Papageien (Psittaci). Bonn. zool. Monogr. 13.

Howard, N. (1969): Breeding the Ceram Eclectus Parrot *(Lorius roratus roratus).* Avicult. Mag. 75: 2–3.

Indge, H. J. (1953): Breeding account of the Red-sided Eclectus Parrot *(Lorius roratus pectoralis).* Avicult. Mag. 59: 66–67.

Iredale, T. (1956): Birds of New Guinea. Melbourne.

Kaforke, E. (1911): Beitrag zur Kenntnis des Neuguinea-Edelpapageis. Gef. Welt 40: 2–4.

Kolb, E. (1979): Neuere biochemische Erkenntnisse zur Bedeutung und zum Stoffwechsel der Vitamine A, D und E beim Geflügel. Mh. Vet.-Med. 34: 109–114.

Krohn, W. (1984): Zucht des Blauscheitel-Edelpapageis – *Tanygnathus l. lucionensis.* AZN 31: 193–195.

Kronberger, H. (1973): Haltung von Vögeln – Krankheiten der Vögel. Jena.

Lecroy, M., & W. S. Peckover (1983): Birds of the Kimbe Bay area, West New Britain, Papua New Guinea. Condor 85: 297–304.

Lecroy, M., W. S. Peckover, A. Kulupi & J. Manseima (o. J.): Bird observations on Normanby and Fergusson, D'Entrecasteau Islands, Papua New Guinea. Wildlife in Papua New Guinea No. 83/1.

Leidner, L. (1984a): Zucht des Blauscheitel-Edelpapageis *(Tanygnathus lucionensis lucionensis).* AZN 31: 60–62.

Leidner, L. (1984b): Zucht des Schwarzschulter-Papageis *(Tanygnathus megalorhynchos).* AZN 31: 512–514.

Leidner, L. (1988): Schwarzschulter-Papagei – Neue Erkenntnisse. AZN 35: 541–542.

Lendon, A. (1946): Memories of the Moluccas. Avicult. Mag. 52: 206–213.

Low, R. (1976a): The 1975 breeding season. Avicult. Mag. 82: 11–20.

Low, R. (1976b): The 1976 breeding season. Avicult. Mag. 82: 122–124.

Low, R. (1980): Parrots. Their care and breeding. Poole, Dorset.

Low, R. (1984): Endangered parrots. Poole, Dorset.

Low, R. (1987): Hand-rearing parrots and other birds. Poole, Dorset.

Low, R. (1989): Das Papageienbuch. Stuttgart.

Lüthgen, W. (1982): Das „Lähmesyndrom" der Täubin. Geflügel-Börse 103 (11): 3.

Mayr, E. (1931): Die Vögel des Saruwaged- und Herzoggebirges (NO-Neuguinea). Mitt. Zool. Mus. Berlin 17: 639–723.

Mayr, E. (1975): Grundlagen der zoologischen Systematik. Hamburg, Berlin.

McGregor, R. C., & D. C. Worcester (1906): A hand-list of the birds of the Philippine Islands. Manila.

Medway, Lord, & D. R. Wells (1976): The birds of the Malay Peninsula. London, Kuala Lumpur.

Mees, G. F. (1986): A list of the birds recorded from Bangka Island, Indonesia. Zool. Verh. Leiden No. 232: 1–176.

Meise, W. (1930): Edelpapageien. Vögel ferner Länder 4: 143–146.

Meyer, O. (1934): Die Vogelwelt der Inselgruppe Lihir. Beitrag zur Ornis des Bismarck-Archipels. J. Orn. 82: 296–308.

Meyer de Schauensee, R., & J. E. duPont (1962): Birds from the Philippine Islands. Proc. Acad. Nat. Sci., Phila. 114: 149–173.

Müller-Bierl, M. (1983): Gelungene Zucht von Neuguinea-Edelpapageien. Gef. Welt 107: 263–265.

Müller-Bierl, M. (1985): Erfolgreiche Halmahera- und Neuguinea-Edelpapageienzucht. Voliere 8: 40–45.

Mußler, E. (1988): Vitamin A in der Vogelernährung. Trochilus 9: 14–21.

Myers, S. A., J. R. Millam, T. E. Roudybush & C. R. Grau (1988): Reproductive success of hand-reared vs. parent-reared Cockatiels *(Nymphicus hollandicus)*. Auk 105: 536–542.

Neunzig, K. (1921): Fremdländische Stubenvögel. Magdeburg.

Niethammer, G. (1933): Anatomisch-histologische und physiologische Untersuchungen über die Kropfbildung der Vögel. Mit besonderer Berücksichtigung der Umbildung im Kropf brütender Tauben. Z. f. wissenschaftl. Zool. 144: 12–101.

Ogilvie Grant, W. R. (1895): On the birds of the Philippine Islands. Part III. The mountains of the Province of Isabella, in the extreme north-east of Luzon. Ibis ser. 7, 1: 106–117.

Ogilvie Grant, W. R. (1896): On the birds of the Philippine Islands. – Part VIII. The highlands of Negros. Ibis ser. 7, 2: 525–565.

Orenstein, R. I. (1976): Birds of the Plesyumi area, Central New Britain. Condor 78: 370–374.

Parkes, K. C. (1971 a): Two new parrots from the Philippines. Bull. Brit. Orn. Cl. 91: 96–98.

Parkes, K. C. (1971 b): Taxonomy and distributional notes on Philippine birds. Nemouria 4: 1–67.

Pearson, D. L. (1975 a): Survey of the birds of a lowland-forest plot in the East Sepik District, Papua New Guinea. Emu 75: 175–177.

Pearson, D. L. (1975 b): A preliminary survey of the birds of the Kutai Reserve, Kalimantan Timur, Indonesia. Treubia 28: 157–162.

Peckover, W. S., & L. W. C. Filewood (1976): Birds of New Guinea and tropical Australia. Sydney.

Peters, J. L. (1937): Check-list of birds of the world, Vol. 3. Cambridge, Mass.

Pfeffer, F. (1988): Die Zucht der Halmahera-Edelpapageien *Eclectus roratus vosmaeri*. Gef. Welt 112: 84–86.

Pinter, H. (1979): Handbuch der Papageienkunde. Stuttgart.

Pratt, H. D., J. Engbring, P. L. Bruner & D. G. Berrett (1980): Notes on the taxonomy, natural history, and status of the resident birds of Palau. Condor 82: 117–131.

Preiss, H.-J., & D. Franck (1974): Verhaltensentwicklung isoliert handaufgezogener Rosenköpfchen (*Agapornis roseicollis* [Vieillot]). Z. Tierpsychol. 34: 459–463.

Prestwich, A. A. (1969): Some breeders of Eclectus Parrots. Avicult. Mag. 75: 145–146.

Rand, A. L. (1942): Results of the Archbold expeditions, No. 42. Birds of the 1936–1937 New Guinea expedition. Bull. Amer. Mus. Nat. Hist. 79: 289–366.

Rand, A. L., & E. T. Gilliard (1967): Handbook of New Guinea birds. London.

Repp, B., & P. Repp (1980): Haltung und Zucht von Halmahera-Edelpapageien *(Lorius roratus vosmaeri)*. Voliere 3: 55–57.

Reubold, V., & G. Stahl (1978): Haltung und Zucht der Halmahera-Edelpapageien. Gef. Welt 102: 24–28.

Roche (1980): Vitamin Compendium.

Rothschild, W., & E. Hartert (1896 a): Contribution to the ornithology of the Papuan Islands. IV. List of a collection made by Albert S. Meek on Fergusson, Trobriand, Egum, and Woodlark Islands. Novit. Zool. 3: 233–251.

Rothschild, W., & E. Hartert (1896 b): Contributions to the ornithology of the Papuan Islands. VII. List of a collection of birdskins made in the Aru Islands by Captain Cayley Webster made from May to July 1896. Novit. Zool. 3: 534–536.

Rothschild, W., & E. Hartert (1901 a): Notes on Papuan birds. Novit. Zool. 8: 55–88.

Rothschild, W., & E. Hartert (1901 b): List of a collection of birds from Kulambangra and Florida Islands, in the Solomon Group. Novit. Zool. 8: 179–189.

Rothschild, W., & E. Hartert (1902): List of a collection of birds made on Ysabel Island in the Solomon Group by Mr. A. S. Meek. Novit. Zool. 9: 581–594.

Rothschild, W., & E. Hartert (1914 a): On the birds of Rook Island, in the Bismarck Archipelago. Novit. Zool. 21: 207–218.

Rothschild, W., & E. Hartert (1914 b): The birds of the Admiralty Islands, north of German New Guinea. Novit. Zool. 21: 281–298.

Roudybush, T. E., & C. R. Grau (1986): Food and water interrelations and the protein requirement for growth of an altricial bird, the Cockatiel *(Nymphicus hollandicus)*. J. Nutr. 116: 552–559.

Rowley, I. (1976): Co-operative breeding in Australian birds. In: H. J. Frith & J. H. Calaby (eds.): Proc. Int. Ornithol. Congress, Vol. 16, Canberra, Australia, 1974; pp. 657–666.

Rowley, I., & G. Chapman (1986): Cross-fostering, imprinting and learning in two sympatric species of cockatoo. Behaviour 96: 1–16.

Rübel, A., & E. Isenbügel (1985): Papageien. In: K. Grabisch & P. Zwart (Hrsg.): Krankheiten der Heimtiere. Hannover, pp. 145–194.

Sabel, K. (1967): Vogelfutterpflanzen. Pfungstadt.

Salvadori, T. (1891): Catalogue of birds in the British Museum, vol. 20, Psittaci. London: British Museum (Natural History).

Sharpe, R. B. (1894): On a collection of birds sent by Mr. Alfred H. Everett from the Sulu Archipelago. Ibis ser. 6, 6: 238–259.

Smiet, F. (1982): Threats to the Spice Islands. Oryx 16: 323–328.

Smith, G. A. (1975): Systematics of parrots. Ibis 117: 18–68.

Smith, G. A. (1979): Lovebirds and related parrots. London.

Smith, G. A. (1981): The origin of Philippine parrots and the relationships of the Guaiabero *Bolbopsittacus lunulatus.* Ibis 123: 345–349.

Smith, G. A. (1984): The Blue-naped Parrot, *Tanygnathus lucionensis.* Avicult. Mag. 90: 99–103.

Smythies, B. E. (1953): The birds of Burma. Edinburgh, London.

Smythies, B. E. (1960): The birds of Borneo. Edinburgh, London.

Steck, P. E. (1981): Erstzucht mit Rotachselpapageien *Psittinus cyanurus cyanurus.* Gef. Freund 28: 47–49.

Steere, J. B. (1894): On the distribution of genera and species of non-migratory land-birds in the Philippines. Ibis ser. 6, 6: 411–420.

Stoodley, J. (1986): Papageienzucht mit Hilfe des Inkubators. Vortrags-MS I. Intern. Papageienkongr., Puerto de la Cruz, Teneriffa (unveröff.).

Stoodley, J., & P. Stoodley (1983): Parrot production – incorporating incubation. Portsmouth.

Stresemann, E. (1914): Die Vögel von Seram (Ceram). Novit. Zool. 21: 25–153.

Stresemann, E. (1940): Die Vögel von Celebes. Teil III. Systematik und Biologie. J. Orn. 88: 389–487.

Strien, N. J. van (1982): Protected birds of Indonesia. Ciawi.

Vareschi, V. (1980): Vegetationsökologie der Tropen. Stuttgart.

Watling, D. (1983): Ornithological notes from Sulawesi. Emu 83: 247–261.

Wells, D. R. (1985): The forest avifauna of western Malesia and its conservation. In: A. W. Diamond & T. E. Lovejoy (eds.): Conservation of tropical forest birds. ICBP Technical Publication No. 4. Cambridge, England, pp. 213–232.

White, C. M. N., & M. D. Bruce (1986): The birds of Wallacea. B. O. U. Check-list No. 7. London.

Whitehead, J. (1899): Field-notes on birds collected in the Philippine Islands in 1893–6. – Part III. Ibis ser. 7, 5: 381–399.

Wolburg, I. (1972): Vitamine. Wittenberg Lutherstadt.

Wolters, H. E. (1975–1982): Die Vogelarten der Erde. Hamburg, Berlin.

Worcester, D. C., & F. S. Bourns (1898): Contributions to Philippine ornithology. Part I. Proc. Natl. Mus. 20, No. 1134: 549–625.

Zwart, P., W. H. P. Schreurs & G. M. Dorrestein (1979): Vitamin A deficiency in parrots. Verhandlungsbericht XXI. Internat. Symposium Erkrankungen der Zootiere, Mulhouse, pp. 47–52.

Register

Halbfett gedruckte Seitenzahlen verweisen auf Abbildungen

Aggressionshemmung 38
Altweltpapageien 39
Amazona 28
Aminosäuren 23
Aminosäuren, essentielle 31, 43
Ammenaufzucht 41
Antibiotika 26, 27, 34
Ara 38, 41, 43, 45
Aru-Edelpapagei 59 f., 70
Aufzuchtfutter 31, 43 f.
Außenvoliere 21 f.
Avitaminose 23
Baden 33
Bakterien 26, 27, 30, 34
Ballaststoffe 23
Balz 38 f., 71 ff., 98, 115
Balzverhalten 38 f.
Bandwürmer 31
Baustoffwechsel 23
Beeren 24, 31 f.
beheizbare Innenvoliere 69
Beleuchtung 21 f., 36
Belüftung 21
Beobachtungsanlage 22
Beregnungsanlage 33
Beschneiden der Schwungfedern 21
Betriebsstoffwechsel 23
Bewegungsstörung 25
Biak-Edelpapagei 59, **61**
Blauscheitelpapagei **10**, 38, 40, **93 ff., 96, 97, 99**, 104
Blutung 26, 33
Bodenrost 20
Brausen 33
Brotogeris 31
Brustbein 18, 25
Brut 40
Brutapparat 41
Brutbeginn 40, 42
Brutdauer 75, 90, 98, 106, 115
Bruthöhle 36, 39
Bruttemperatur 41
Brutverhalten 35
Brutverhalten, Steuerung 35
Brutzeit 35, 66, 74, 89, 95, 105, 113
Buntkopfpapageien 38
Burupapagei 109
Cacatua galerita 66
Calcium 25 f., 28
Calyptorhynchus 31
Carotin 24
Carotinoide 24
Ceram-Edelpapagei 49 f., **50**, 70
Cornelia-Edelpapagei **49, 55, 61**
Darmlänge 28, 89, 109
Dominanz 38, 90, 114
Doppelgitter 21
Draht 20
Drüsenmagen 31, 41, 43
Dunen 40 f.
Duschen 33
Eclectus 9, 13, 15, 28, 49 ff.
Eclectus roratus 48 ff.
– *roratus aruensis* **54, 58, 59**, 79, 80
– *roratus biaki* 59, **61**, 63, 79, 80
– *roratus cornelia* **49, 55, 56, 61**, 79, 80
– *roratus goodsoni* 62
– *roratus macgillivrayi* **36, 60**, 79, 80
– *roratus pectoralis* 57
– *roratus polychloros* **4, 51, 54, 57, 58, 59**, 63, **68, 69**, 70, **77**, 78, 79, 80
– *roratus riedeli* **51**, 55, **56**, 79, 80
– *roratus roratus* 49, **50, 51, 58**, 79, 80
– *roratus solomonensis* **60, 62**, 63, **65, 67**, 79, 80
– *roratus vosmaeri* **37, 39, 51, 52, 53, 54, 58**, 63, 78, 79, 80
– *roratus westermani* 49, **54**, 79, 80
Edelpapagei 49 ff.
Edelsittiche 9, 38
Eiablage 25, 37, 40
Eingewöhnung 18 f.
Einstreu 20, 36 f., 45
Einzelhaltung 20 f., 70
Eischale 25, 28, 40
Eiweiß, biologische Wertigkeit 31
Eiweiß, pflanzliches 31
Eiweiß, tierisches 27, 31
Eiweißbedarf 32
Energiegehalt 29 f.
Enzyme 23, 28, 30, 43 f.
Ernährung, Allgemeines 22 ff.
Ernährung in Gefangenschaft 28 ff.
Ernährungszustand 18
Erwerb 18
Fehlprägung 42
Feigenpapageien 26
Fette 23, 32
Fortpflanzung 35 ff.
Freiflug 20, 21
Freilandbeobachtung 63 ff., 87 ff., 95, 104 f., 109, 112 f.
Frischimport 18 f., 25, 31
Früchte 22, 28, 31
Fütterung 28 ff.
Fütterung während der Jungenaufzucht 32
Futternapf 20
Futterzusammensetzung 30 f.
Gefährdung 16
Gefieder 46
Gefiederpflege 33
Gefiederpflege, gegenseitige 38, 74
Gelbhaubenkakadu **66**
Gemüse 31
Geoffroyus 8, 38
Geschlechtsdimorphismus 49, 111
Geschlechtsreife 38
Gewichtsentwicklung 78, 98
Graupapagei 18, 25, 70
Gritstein 28
Großschnabelpapageien 13, 20, 41, 83 ff.
Grünfutter 24, 31
Gruppenhaltung 37, 70
Hagebutten 31
Halmahera-Edelpapagei **37, 39, 52 f., 53**, 70, 78
Halsbandsittich 8, 88
Haltung 20 ff.
Handaufzucht 41 ff.
Hefen 25
Heizung 21
Hochkäfig 22
Höhle 35 ff., 39 f.
Höhlenbrüter 35 f.
Holzmulm 36, 45
Hühnerei 32
Hundefutter 32
Hybrid 42, 78 f.
Hygrostat 40
Hypervitaminose 23
Hypovitaminose 24
Importvögel 18 f., 31
Individualdistanz 38, 114
Infektion 19, 24, 27, 34
Inkakakadu 41 f.
Innenvoliere 21, 33
Jugendentwicklung 40 f., 75 f.
Jungenaufzucht 31, 32, 41
Käfig 19, 20 f., 45
Käfiggitter 20
Käse 27, 32
Kakadu 38, 39, 41, 97
Katzenfutter 32
Kardisaat 29 f.
Keimfähigkeit 29
Keimfutter 24, 30, 32

Klassifikation 9
Kletterbaum 21
Klima 15
Körnerfutter 28 ff.
Kohlenhydrate 23, 28, 29
Kopulation 38, 39, 67, 74, 98
Kot 18, 20, 28, 40
Kotproben 19, 34
Krankheiten 34
Kropf 22, 28, 42 f., 44
Kropfmilch 42
Kunstbrut 41
Lähmesyndrom 25
Lautstärke 18, 68, 97
Lebensraum 15 ff.
Lorius 49
Luftbefeuchter 40
Luftfeuchtigkeit 15, 40, 41, 44, 75
Mangroven 16, **17, 87,** 88, 112
Mauser 28, 62
Mehlkäferlarven 31
Mengenelemente 28
Mineralgehalt 29 f.
Mineralstoffe 23, 25, 28, 32, 43
Mineralstoffmischung 28
Mischling 78 f.
Monsunklima 15
Müllers Edelpapagei **6,** 35, 101 ff., **103, 104, 105, 106**
Multivitaminpräparat 24, 32
Nachtbeleuchtung 22
Nährstoffgehalt 29 f.
Nahrung 28 f.
Nahrung, tierische 31
Naturäste 20, 22
Nestkontrolle 36, 41
Nestlingszeit 41, 77, 99, 106, 115
Neuguinea-Edelpapagei **4, 57 ff.,** 62, **68, 69,** 70, 74, **75, 76, 77,** 78
Neuweltpapageien 38, 39
Niederschläge 15
Nistkasten 35 ff., 39 f.
Nistmaterial 35 ff.
Nymphensittich 43
Obst 24, 31
Obstbaumzweige 31
Ölfrüchte 29 f.
Paarbindung 38 f., 70, 91, 114
Paarweise Haltung 18, 69
Paarzusammenstellung 37 f.
Parasiten 20, 31
Partnerfüttern 38
Pflege 18, 33
Pilze 25, 30
Prägung 42
Prioniturus 8, 38
Proteinbedarf 31, 32
Proteine 23, 31, 32, 43
Psittacella 8
Psittacula 8, 9, 38, 83, 98
– *krameri* 8
Psittaculirostris 26
Psittinus 8, 9, 13, 15, 111 ff.
– *cyanurus* 110 ff.
– *cyanurus abotti* 112
– *cyanurus cyanurus* **10, 111, 112, 114, 115**
– *cyanurus pontius* 112
Quarantäne 18
Queensland-Edelpapagei **36,** 60 f., 70
Rachitis 25
Regenwald 15 f., 63, 95, 104, 112
Regenzeit 15
Riedels Edelpapagei 55 f.
Rinderherz 32
Rohfaser 23
Rosakakadu 41 f.
Rotachselpapagei **10,** 13, 20, 41, **111 ff., 112, 114, 115**
Rupfen 32, 70
Salmonellen 28, 32
Salomon-Edelpapagei 61 f., **62, 65, 67,** 70
Samen, eiweißreich 28, 29
Samen, fettreich 28, 30
Samen, kohlenhydratreich 28, 29
Schleuse 21
Schlupf 40
Schneiden des Schnabels 33
Schneiden von Krallen 33
Schwarzschulterpapagei **10,** 16, **81, 83 ff., 88, 89, 90, 91**
Schwarzstirn-Edelpapagei **109**
Sitzäste 20, 22, 33
Soziale Gefiederpflege 38
Sozialverhalten 38
Spatelschwanzpapageien 38
Sprinkleranlage 33
Spurenelemente 28
Steuerung des Brutverhaltens 35
Stoffwechsel 23
Systematik 9
Tanygnathus 8, 9, 13, 15, 28, 83 ff.
– *gramineus* 108 f., **109**
– *heterurus* **107**
– *lucionensis* 92 ff., **96, 97, 99**
– *lucionensis hybridus* 94
– *lucionensis lucionensis* **10, 93, 94**
– *lucionensis salvadorii* 95
– *lucionensis talautensis* 94, **95**
– *megalorhynchos* **10,** 16, 82 ff., **91**
– *megalorhynchos affinis* **84, 89**
– *megalorhynchos djampeae* **85,** 86
– *megalorhynchos floris* **85,** 86
– *megalorhynchos hellmayri* 85, **86, 90**
– *megalorhynchos megalorhynchos* **83, 84, 91**
– *megalorhynchos subaffinis* 85, **86, 88**
– *megalorhynchos sumbensis* **81, 85,** 86, **88**
– *megalorhynchos viridipennis* **85**
– *muelleri* 101
– *sumatranus* 100 ff.
– *sumatranus burbidgii* **6, 102, 103, 105**
– *sumatranus duponti* 103
– *sumatranus everetti* 102
– *sumatranus freeri* 103
– *sumatranus incognitus* 101
– *sumatranus sangirensis* 101 f., **104**
– *sumatranus sumatranus* **101, 102, 105, 106**
Taubengritstein 28
Temperatur 15
tierische Nahrung 31
Transport 19
Trockenzeit 15
Tropischer Regenwald **11, 14,** 15 f., **64**
Übergangspopulation 10
Überwachungsanlage 22
Unterbringung 20 ff.
Vegetation 15 f.
Verbreitung der Gattungen 13
Vitamin A 24, 34
Vitamin-B-Komplex 26 f.
Vitamin C 27
Vitamin D 25
Vitamin E 26
Vitamin K 26
Vitamine 23 ff.
Vitamine, fettlösliche 24 ff.
Vitamine, wasserlösliche 26 f.
Vitaminmangel 23, 34
Vitaminüberdosierung 23
Vogelhaus 21
Vogelmiere 31
Voliere 21
Wachshaut 49, 83, 111
Weichfutter 31
Weidenzweige 31
Wellensittich 42
Westermans Edelpapagei 54
Zehenfehler 19
Zeitschaltuhr 21
Zusammenstellung von Paaren 37 f.
Zwangsverpaarung 37
Zweige, frische 31

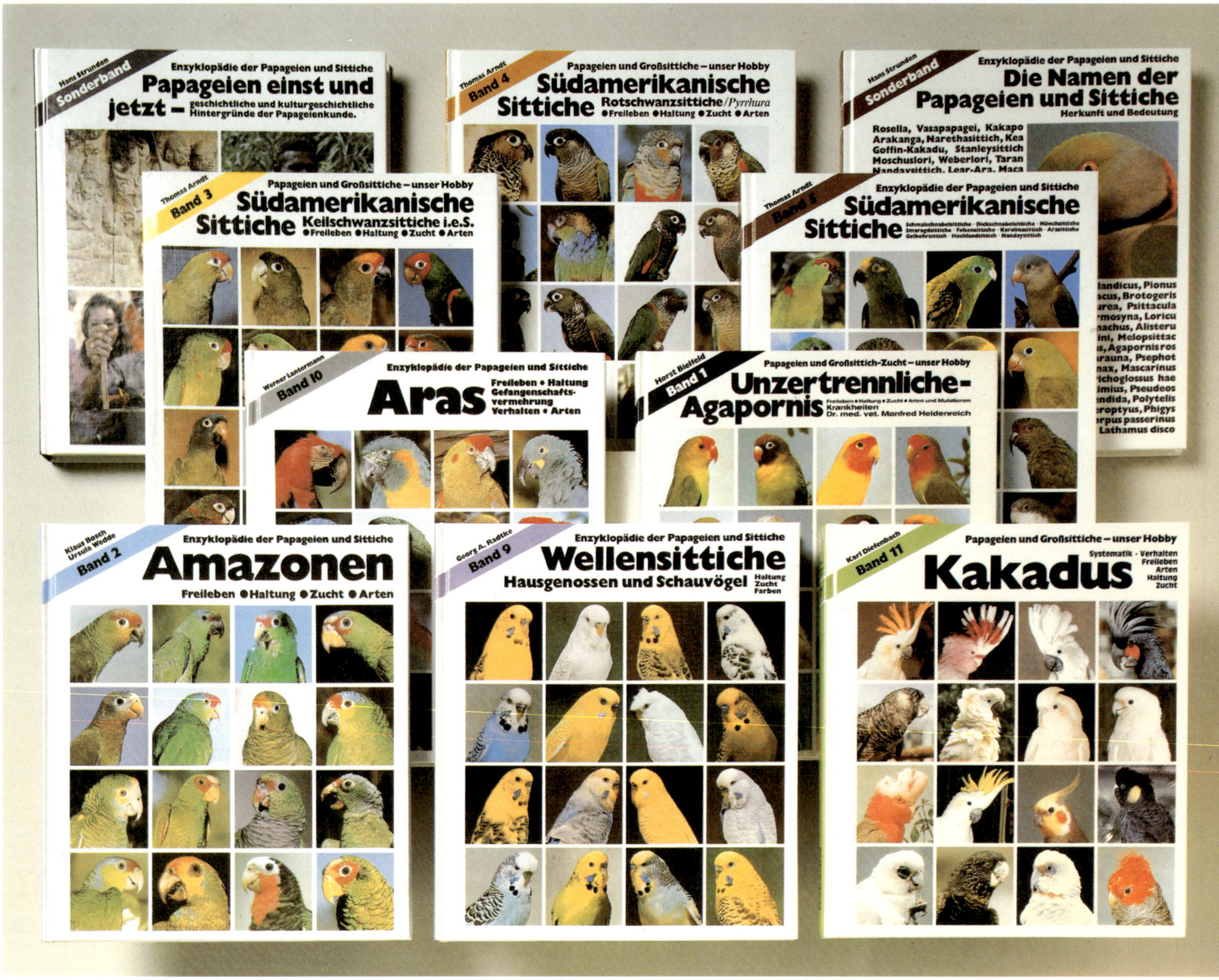

Enzyklopädie der Papageien und Sittiche

Georg A. Radtke
Wellensittiche
Hausgenossen und Schauvögel · 176 Seiten · 110 Abbildungen

Karl Diefenbach
Kakadus
168 Seiten · 100 Abbildungen · 18 Verbreitungskarten

Hans Strunden
Die Namen der Papageien und Sittiche
Herkunft und Bedeutung · Volkstümliche Namen von Adelaidesittiche bis Zenkerpapagei · Wissenschaftliche Bezeichnungen von aberrans bis zonarius

Werner Lantermann
Aras
163 Seiten · 110 Abbildungen · 23 Verbreitungskarten

Hans Strunden
Papageien einst und jetzt
Kulturgeschichtliche Hintergründe der Papageienkunde
160 Seiten · 109 Abbildungen

Klaus Bosch / Ursula Wedde
Amazonen
204 Seiten · 100 Abbildungen
60 Verbreitungskarten · 40 Zeichnungen und Bilder

Thomas Arndt
Südamerikanische Sittiche – Pyrrhura-Arten
192 Seiten · 69 Abbildungen nach Fotos
20 Aquarelle mit 46 Rassen · 46 Karten

Horst Bielfeld
Unzertrennliche – Agapornis
140 Seiten · 66 Abbildungen
19 Verbreitungskarten und Vererbungstabellen

Thomas Arndt
Südamerikanische Sittiche – Aratinga-Arten
164 Seiten · 69 Abbildungen und Fotos
12 Aquarelle mit 54 Rassen

Thomas Arndt
Südamerikanische Sittiche
Brotogeris-Arten, Bolborhynchus-Arten u. a.
198 Seiten · 104 Abbildungen · 43 Verbreitungskarten

Jürgen Ritter

5 kostbare und wirkungsvolle

Papageien-Bilder

nach Motiven aus dem

Vogelpark Walsrode

Format: 37 x 48,5 cm

Einzeln	**DM 17,80**
Zusammen	**DM 59,80**

(ohne Rahmen)